Activity Book Series

Variety Logic Puzzles

500 Easy Adults Puzzles

(Suguru, Futoshiki, Arrows, Mathrax, Hakyuu, Straights, Fillomino, Sudoku, Sutoreto, Skyscrapers, Creek and Shikaku)

Vol. 12

Khalid Alzamili, Ph.D.

All rights reserved. No part of this book may be reproduced or used in any form without the express written permission of the author.

A Special Request

Your brief Amazon review could really help us.

Thank you for your support

Printed in the United States of America

First Edition: December 2019

Copyright © 2019 Dr. Khalid Alzamili

ISBN: 9781672855235

Imprint: Independently published

Author Email : khalid@alzamili.com

INTRODUCTION

Playing logic puzzle is not just a fun way to pass the time, due to its logical elements it has been found as a proven method of exercising and stimulating portions of your brain, training it even, if you will and just like training any other muscle regularly you can expect to see an improvement in cognitive functions. Some studies go as far as indicating regular puzzles can even help reduce the risk of Alzheimer's and other health problems in later life.

Completing logic puzzle regularly helps the brain process both problem solving and improves logical thought process with the use of deductive reasoning, which can also be applied to approaching real life challenges in a different manner.

Playing logic puzzle on a daily basis helps to keep an active mind and players often see improvements in their overall concentration.

1- SUGURU

(Puzzles from 1 to 48)

Suguru ("Number Blocks") is a logic puzzle with simple rules and challenging solutions. The task consists of a rectangular or square grid divided into regions.

The rules of Number Blocks are simple, each region must be filled with each of the digits from 1 to the number of cells in the region. Cells with the same digits must not be orthogonally or diagonally adjacent.

Puzzle

Solution

2- FUTOSHIKI

(Puzzles from 49 to 96)

Futoshiki (also known as "Unequal") is a logical puzzle with simple rules and challenging solutions. The puzzle is played on a square grid, such as 9 x 9.

The rules of Futoshiki are simple:
1. Place the numbers 1 to 9 into each row and column of the puzzle so that no number is repeated in a row or column.
2. Inequality constraints are initially specified between some of the squares, such that one must

be higher or lower than its neighbor. These constraints must be honored in order to complete the puzzle.

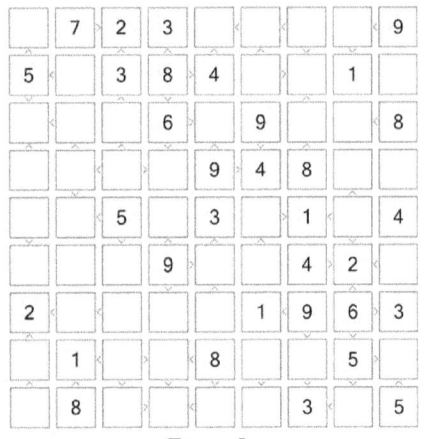

Puzzle   **Solution**

3- ARROWS

(Puzzles from 97 to 132)

Arrows is a logic puzzle with simple rules and challenging solutions. It is played on a rectangular grid filled with numbers. The task is to place arrows outside the grid.

The rules of Arrows are simple:

1- Every arrow can go vertically, horizontally or diagonally and points to at least one cell in the grid.

2- The numbers indicate the total number of arrows that point to them.

Puzzle   **Solution**

4- MATHRAX

(Puzzles from 133 to 164)

Mathrax is a logic puzzle with simple rules and challenging solutions. It is played on a square grid. The circles with additional conditions may be situated on intersections of lines inside the grid. The task is to fill in each cell with numbers from 1 to 8.

The rules of Mathrax are simple:

1- No number may appear twice in any row or column.

(2)

2- The circle may contain a number and a sign of mathematical operation (addition, subtraction, division, multiplication), where a number is a result of an operation execution with numbers in diagonally adjacent cells.

3- The circle may contain a letter "E" ("even"), where all numbers in four cells adjacent this circle are even.

4- The circle may contain a letter "O" ("odd"), where all numbers in four cells adjacent this circle are odd.

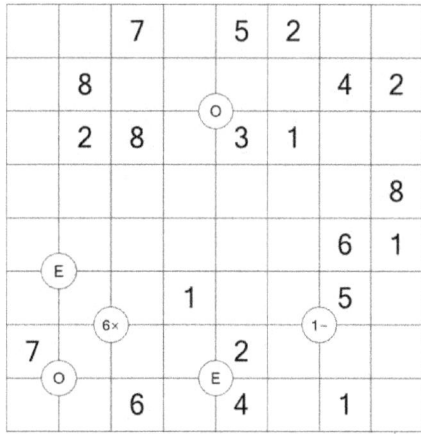

Puzzle   **Solution**

5- HAKYUU

(Puzzles from 165 to 212)

Hakyuu (also known as "Hakyukoka", "Ripple Effect", "Hakyuu Kouka" and "Seismic") is a logic puzzle with simple rules and challenging solutions. It is played on a rectangular grid of any size divided into polyomino sections called rooms.

The rules of Hakyuu are simple:

1- Each room must be filled with each of the numbers from 1 to the number of cells in the room.

2- If two identical numbers appear in the same column or row, at least that many cells with other numbers must separate them.

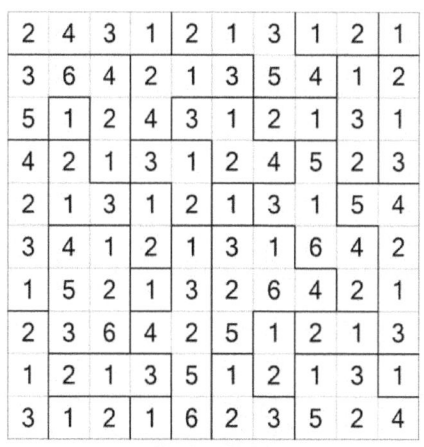

Puzzle   **Solution**

Variety Logic Puzzles

6- STRAIGHTS

(Puzzles from 213 to 248)

Straights (also known as " Str8ts") is a logic puzzle with simple rules and challenging solutions. It is a grid, partially divided by black cells into compartments. Each compartment, vertically or horizontally, must contain a straight - a set of consecutive numbers, but in any order (for example: 2-1-3-4).

The rules of Straights are simple:

1- Fill all white cells with the numbers from 1 to 9.
2- No single number can repeat in any row or column.
3- Clues in black cells remove that number as an option in that row and column, and are not part of any straight.

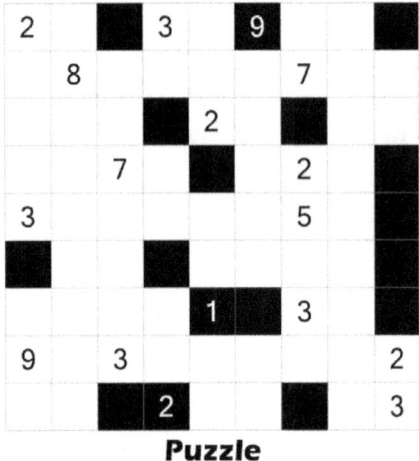
Puzzle

Solution

7- FILLOMINO

(Puzzles from 249 to 296)

Fillomino ("Polyominous") is played on a rectangular grid of squares. Some cells of the grid start containing numbers, referred to as "givens". To complete the puzzle, a solver must place numbers in the blank squares so that the puzzle is divided into blocks with the area of each block equal to the number contained within its squares. The blocks may take on any shape, but blocks having the same area may not touch each other.

Puzzle

Solution

(4)

Variety Logic Puzzles

8- SUDOKU

(Puzzles from 297 to 336)

The highly popular puzzle game Sudoku takes its name from the Japanese language translating from the words 'Su' meaning 'number' and 'Doku' meaning 'single'. Despite its name indicating a Japanese heritage, Leonard Euler; a renowned 18th-century mathematician from Switzerland was and is generally accredited with its creation.

The objective of Sudoku is to fill every row, column and box (3x3grid) with numbers 1-9 and each row, column, and box must have each number exactly once.

4	7	8	5	1	6	3	2	9
5	9	3	2	8	7	6	1	4
1	2	6	3	9	4	7	8	5
2	1	9	6	5	3	4	7	8
6	8	7	9	4	2	5	3	1
3	5	4	1	7	8	2	9	6
7	4	2	8	6	9	1	5	3
8	3	5	4	2	1	9	6	7
9	6	1	7	3	5	8	4	2

Row — **Column** — **Box**

9- SUTORETO

(Puzzles from 337 to 384)

Sutoreto (also known as "Straight Cross", "Sutoretokurosu") is a logic puzzle with simple rules and challenging solutions. It is played on a square or rectangular grid with black and white cells. Some white cells contain numbers. The aim is to place a number into every white cell.

The rules of Sutoreto are simple, the numbers in a vertical or horizontal stripe of consecutive white cells must form a sequence of numbers without gaps, but in any order (for example: 2-4-1-3).

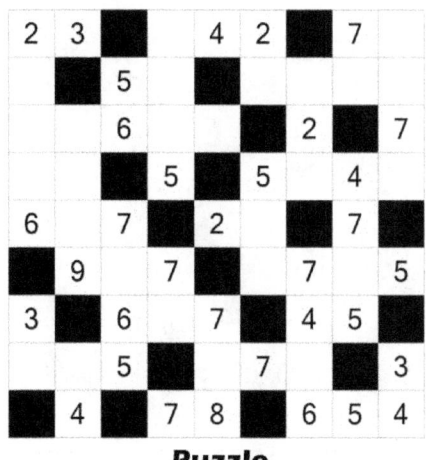
Puzzle

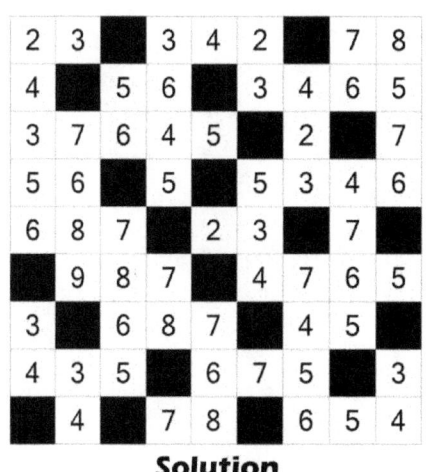
Solution

(5)

10- SKYSCRAPERS

(Puzzles from 385 to 420)

Skyscrapers is a logic puzzle with simple rules and challenging solutions. It is consists of a square grid with some exterior 'skyscraper' clues.

The rules of Skyscrapers are simple:
1- Complete the grid such that every row and column contains the numbers 1 to 9.
2- No number may appear twice in any row or column.
3- The clues around the grid tell you how many skyscrapers you can see. They indicate the number of buildings which you would see from that direction.

	2	3	2	1	3	3	4	4	4	
2		7		9		1		6		3
2			9		8			3		3
1			6				7			2
3		8		2	6		1			3
4	2		1	5		8		4		3
4		4			1		2	8	9	1
2		9			4	7				5
5	1		2					9		2
4	4			3		6				3
	3	3	2	4	2	4	1	2	3	

Puzzle

	2	3	2	1	3	3	4	4	4	
2	8	7	3	9	2	1	5	6	4	3
2	7	2	9	1	8	5	4	3	6	3
1	9	1	6	4	3	2	7	5	8	2
3	3	8	4	2	6	9	1	7	5	3
4	2	3	1	5	9	8	6	4	7	3
4	5	4	7	6	1	3	2	8	9	1
2	6	9	5	8	4	7	3	1	2	5
5	1	6	2	7	5	4	8	9	3	2
4	4	5	8	3	7	6	9	2	1	3
	3	3	2	4	2	4	1	2	3	

Solution

11- CREEK

(Puzzles from 421 to 468)

Creek (also known as "Kuriku") is a logic puzzle with simple rules and challenging solutions. It is played on a rectangular or square grid. Circles with digits from 0 to 4 may be situated on intersections of lines inside the grid.

The rules of Creek are simple:
1- The digit in the circle indicates how many adjacent cells must be blackened.
2- All the white cells must be connected horizontally or vertically.

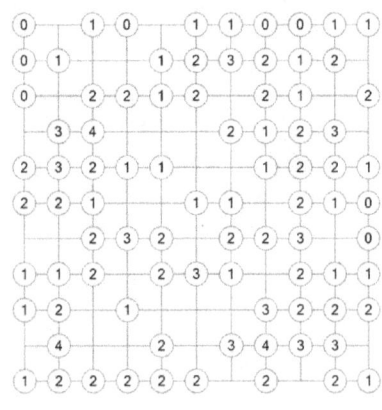

Puzzle

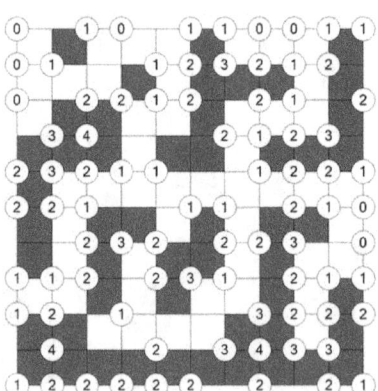

Solution

12- SHIKAKU

(Puzzles from 469 to 500)

Shikaku (also known as "Divide by Box", "Number Area", "Divide by Squares") is a logic puzzle with simple rules and challenging solutions. It is played on a rectangular grid. Some of the cells in the grid are numbered.

The rules of Shikaku are simple: divide the grid into rectangular and square pieces such that each piece contains exactly one number, and that number represents the area of the rectangle.

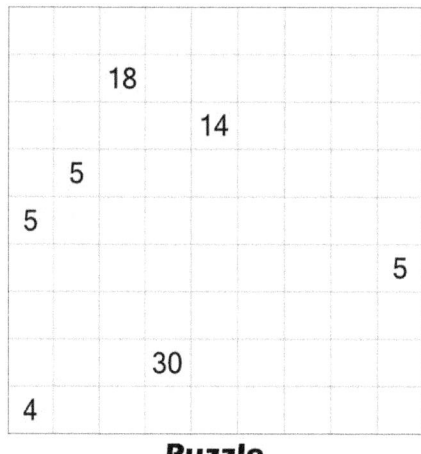
Puzzle

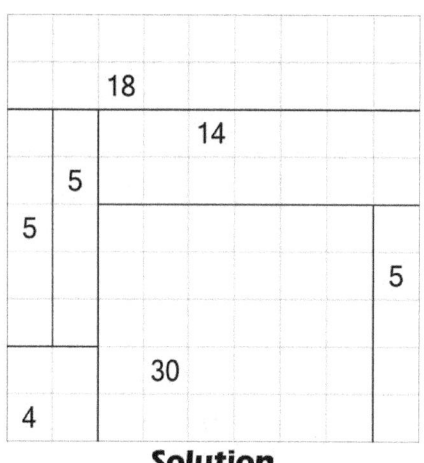
Solution

This Variety Logic Puzzles book is packed with the following features:

- 500 Easy Logic Puzzles (48 Suguru, 48 Futoshiki, 36 Arrows, 32 Mathrax, 48 Hakyuu, 36 Straights, 48 Fillomino, 40 Sudoku, 48 Sutoreto, 36 Skyscrapers, 48 Creek and 32 Shikaku).
- Answers to every puzzle are provided.
- Each puzzle is guaranteed to have only one solution.

We hope this will be an entertaining and uplifting mental workout, enjoy Variety Logic Puzzles Book.

Khalid Alzamili, Ph.D.

Variety Logic Puzzles

Suguru (1)

2	4	1	7	1	3		4		2
5					2		2		1
	6		1	7		3		5	4
7		2			1				7
	5	7	3	2	3	4		2	5
1	2		6	4	5	6	3	6	
3				3			2		4
2	5		6		2	3		3	
7		2		5					4
4		1		6	4	2	1	3	1

Suguru (2)

3		1	6	2		2	7		4
	7	5			1	5		6	
2		6	1	3	6				2
5		4		5		2			5
4				4		4	3		3
6		7	3		3				4
2			6		4		4		5
7				3	1	5	2		2
	4		4	6			3	4	
3		2	5		3	1	2		2

Suguru (3)

7	3		1	6		1		2
4		2	5		1		4	1
	3	7	4		5		3	
6				1		2	7	4	6
3	2	3	6		3	1			3
6			4	5		7	2	4	6
7	3	5	3		3				2
		1		5		1	2	5	
2	7			7		4	6		1
4		3			2	1		7	2

Suguru (4)

1	6	3		3	7	3	2	6	1
4		4	2			6			
7		5			2	7	5		
5	1		3			1		6	
	4	6		1	4		2		2
2		1		2	3		3	5	
	4		4			1		2	1
	1	3	5			3			4
		2			5	7			2
3	1	4	5	1	2		1	3	1

Solution on Page (10)

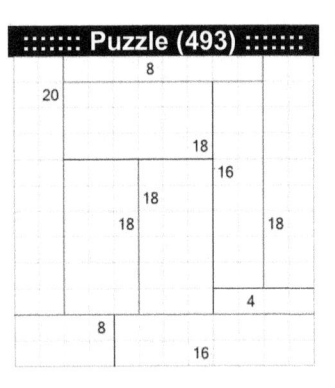
Puzzle (493)

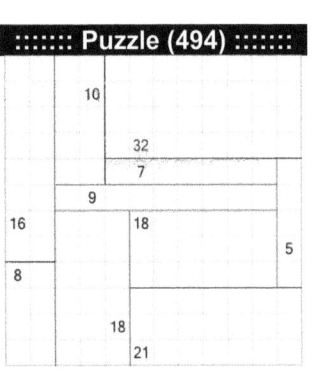
Puzzle (494)

Puzzle (495)

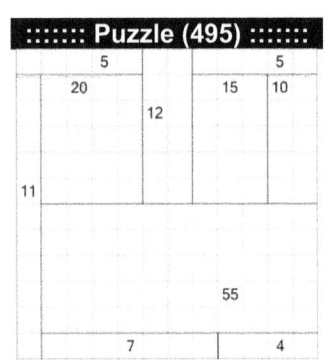
Puzzle (496)

(8)

Suguru (5)

Suguru (6)

Suguru (7)

Suguru (8)

Solution on Page (11)

Puzzle (497)
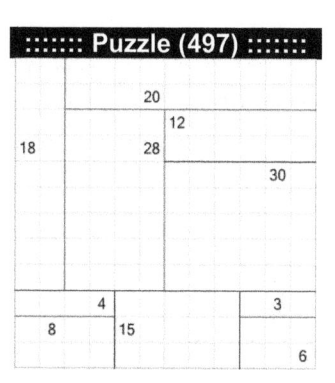

Puzzle (498)
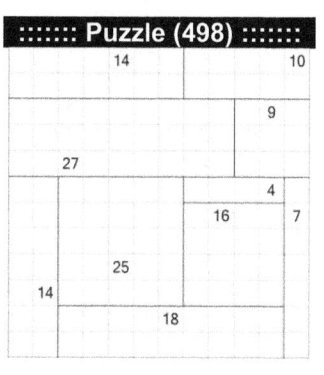

Puzzle (499)
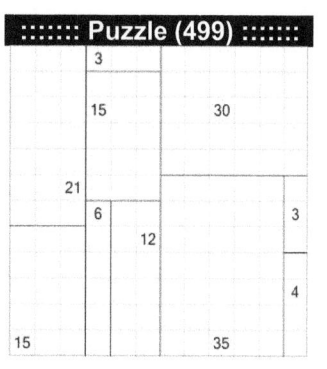

Puzzle (500)
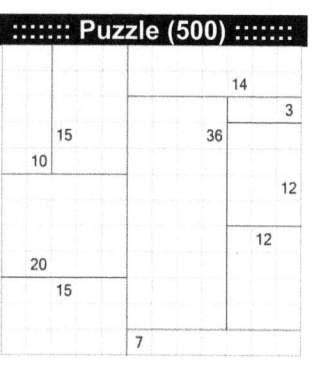

Suguru (9)

4	2	5			6	4	1		1
3			2	3				5	
6	5	3			5		4	3	6
		2	5	4		3		2	5
3	5			6		5	6	3	
	6	3	2		3			2	1
4	7		4		4	5	4		
3	2	3		7			3	7	6
	4				3	5			5
6		5	1	2			1	3	1

Suguru (10)

1		2		1	3		4		5
	3	1	4	6			6	3	7
									6
1	7		3		3			1	4
5		5		4		4		5	1
	3		2					6	2
6	5					4		4	
7	3		4		7		2		1
	6	5		5		4		5	2
5	4	7	3		2	3	7		
6		1		7	1		2		3

Suguru (11)

2	1		5		4		6		3
	3	2	1	6	2		5	7	4
1		5			4		3		
7		2		2				1	
5			1		3	1	3	6	
4	2	3	6		6				2
1			4			5		5	
	2		5		3				1
4	3	1		4	1	4	5	4	
2		6		6		2		1	2

Suguru (12)

2	1		1		3	1	2		5
6		4	7	5				1	2
	1		6			3		6	
6	3		1		7				4
2		6					1		1
	3		2				7		2
2			4		3			3	4
	1		6				5		2
5	4				6	3	7		3
2		1	2	5		1		6	4

Solution on Page (12)

Puzzle (1)

2	4	1	7	1	3	6	4	5	2
5	3	2	3	4	2	5	2	3	1
1	6	4	1	7	6	3	6	5	4
7	3	2	5	4	1	2	1	3	7
4	5	7	3	2	3	4	5	2	5
1	2	1	6	4	5	6	3	6	1
3	4	3	2	3	1	7	2	5	4
2	5	1	6	4	2	3	1	3	2
7	6	2	3	5	1	5	4	5	4
4	5	1	4	6	4	2	1	3	1

Puzzle (2)

3	2	1	6	2	4	2	7	3	4
4	7	5	4	7	1	5	1	6	1
2	3	6	1	3	6	7	3	4	2
5	7	4	2	5	1	2	5	1	5
4	2	5	6	4	6	4	3	2	3
6	1	7	3	1	3	5	1	6	4
2	3	5	6	5	4	6	4	3	5
7	1	2	1	3	1	5	2	1	2
5	4	3	4	6	2	4	3	4	5
3	1	2	5	7	3	1	2	1	2

Puzzle (3)

7	3	4	1	6	2	5	1	3	2
4	1	2	5	3	1	4	2	4	1
5	3	7	4	6	5	6	3	5	2
6	1	5	2	1	4	2	7	4	6
3	2	3	6	7	3	1	5	1	3
6	4	1	4	5	2	7	2	4	6
7	3	5	3	1	3	5	3	1	2
5	6	1	4	5	2	1	2	5	3
2	7	2	6	7	6	4	6	4	1
4	1	3	4	3	2	1	3	7	2

Puzzle (4)

1	6	3	1	3	7	3	2	6	1
4	2	4	2	5	1	6	1	4	5
7	3	5	1	4	2	7	5	2	1
5	1	2	3	5	3	1	4	6	4
3	4	6	4	1	4	6	2	1	2
2	7	1	5	2	3	7	3	5	6
5	4	2	4	7	6	1	4	2	1
1	3	1	3	5	3	2	3	6	4
2	5	6	2	6	4	5	7	5	2
3	1	4	5	1	2	6	1	3	1

(10)

Variety Logic Puzzles

Suguru (13)

1		6	7	1	3	4		7	2
	5	2			2		7		
1		1				2	6		3
	3	7	3				1		1
4			1	2	4	7	4	3	4
5	1	3	4	3	1	6			2
4		5				4	5	3	
1		1	3				2		6
			5		4		4	3	
6	3		2	7	3	1	5		6

Suguru (14)

1		7	2	6	1	7	3		5
	5		1	5		5		6	
6	2		7		4		2	5	7
		3		3			1	6	
4	2		4	6	4		2		1
1		1		1	5	1		4	3
	5	6			4		2		
3	1	2		1		5		7	5
	5		5		4	6		6	
3		3	1	2	3	2	1		1

Suguru (15)

1		5	2	1	5		1	3	6
	4			3			2		2
2	6		1		4		7		4
	3	4	7	2		2		5	
7				6		7	4		1
4	6	7		5					3
	2		1		1	4	1	2	
5		4		5		2		7	6
1		2			3		3		
2	7	4		1	7	6	5		2

Suguru (16)

6	1		3		4		1	5	6
2		6		7		6		4	
4	1		2		4	2		1	3
3		4					6		4
		3		4		3		1	6
2	6		5		1		5		
5		3					1		3
4	2		1	3		4		2	7
	5		7		1		6		4
1	2	6		3		3		1	3

Solution on Page (13)

Puzzle (5)

3	1	2	4	6	4	3	7	5	1
5	4	5	3	1	2	1	2	6	2
2	7	2	4	5	7	3	4	1	4
1	4	3	6	3	6	1	6	3	5
3	5	1	2	1	2	5	4	7	2
1	2	4	5	3	4	3	2	1	4
6	5	3	6	1	2	1	6	3	2
3	1	4	7	4	5	3	5	1	7
4	2	6	3	2	7	1	2	3	4
5	1	7	1	4	6	3	5	1	2

Puzzle (6)

2	3	1	6	5	4	7	4	3	1
1	7	4	3	1	2	6	2	6	5
2	6	5	2	6	4	5	4	7	1
1	3	7	1	7	2	3	1	2	3
2	6	5	2	3	1	5	4	5	1
5	4	3	1	5	4	2	1	3	4
3	1	5	2	3	7	3	6	2	1
2	6	3	6	4	1	5	4	3	7
1	4	7	1	7	3	6	2	1	6
5	2	5	3	2	4	1	4	5	2

Puzzle (7)

2	1	2	3	1	4	2	4	1	3
4	6	7	4	7	3	1	5	6	2
1	5	2	3	2	5	2	4	3	5
3	7	4	1	6	1	6	7	1	6
2	5	2	5	3	5	2	5	3	7
1	6	3	7	1	6	1	4	6	2
3	5	1	5	4	2	5	2	5	4
7	6	4	2	1	3	4	3	6	3
1	3	5	3	4	6	1	2	4	1
4	2	4	2	1	5	3	6	5	7

Puzzle (8)

2	5	6	5	4	5	1	4	6	1
4	3	7	3	7	3	7	3	5	2
1	5	1	2	1	6	1	2	7	3
6	2	4	6	4	2	4	5	4	1
1	7	3	1	3	6	1	6	2	6
4	2	5	4	2	4	3	5	1	4
1	3	1	3	5	1	2	6	7	2
5	4	6	4	2	3	7	3	5	1
1	2	3	5	7	5	2	1	2	4
3	6	1	2	4	1	6	5	3	6

(11)

Variety Logic Puzzles

Suguru (17)

5	2	1		2	6	2		3	4
	4		5		3		5	6	
6		3		4	7			1	7
7	4		1	3		3	4		2
	1		2		4		2		4
5		4		3		6		3	
6		5	2		2	3		1	6
5	3			3	4		6		3
	6	2		2		2		5	
2	3		4	7	5		4	6	2

Suguru (18)

3		1	5			6	7		2
1	2	3			3			1	5
7	4		6	5	1			4	
	2	5	2		6	7	5		1
5		4		4		3		3	
	7		1		6		5		6
3		4	2	7		7	4	2	
	6			6	5	1		1	5
2	7			4			5	7	4
6		5	2			3	1		6

Suguru (19)

1		3	5		6	3		6	1
	4		7	2			7		3
3		5			4	1		4	5
	1			2			2		
3		7		3		5		7	3
6	1		6		4		3		5
	4				3		1		
2	5		5	2		5			2
1		3			1	4		4	
2	5		1	7		3	5		6

Suguru (20)

1	2	4		5	1			4	5
3			1			4		7	
6		2	7	6			1		6
7			1		3	7			2
2		2			4			1	
	6			2			6		2
1		1	3		1				4
3		2				2	3	1	1
	6		1			6			6
4	5			2	7		3	1	2

Solution on Page (14)

Puzzle (9)
4	2	5	1	5	6	4	1	3	1
3	1	4	2	3	2	3	2	5	4
6	5	3	1	6	5	6	4	3	6
4	1	2	5	4	2	3	1	2	5
3	5	4	1	6	1	5	6	3	6
2	6	3	2	5	3	2	1	2	1
4	7	1	4	1	4	5	4	5	4
3	2	3	2	7	2	6	3	7	6
5	4	6	4	6	3	5	4	2	5
6	1	5	1	2	1	2	1	3	1

Puzzle (10)
1	4	2	3	1	3	5	4	1	5
2	3	1	4	6	2	6	3	7	6
1	7	2	3	5	3	5	1	4	2
5	6	5	1	4	2	4	3	5	1
4	3	4	2	3	7	1	2	6	2
6	5	1	6	1	5	4	5	4	3
7	3	2	4	2	7	3	2	6	1
2	6	5	1	5	1	4	1	5	2
5	4	7	3	4	2	3	6	7	4
6	3	1	2	7	1	7	6	2	3

Puzzle (11)
2	1	4	5	3	4	1	6	2	3
5	3	2	1	6	2	3	5	7	4
1	6	4	5	7	1	4	1	3	5
7	3	2	3	4	2	5	6	2	1
5	1	4	3	5	1	3	1	3	6
4	2	3	6	3	2	6	2	4	2
1	5	1	2	4	1	7	5	3	5
7	2	4	5	3	5	3	1	2	1
4	3	1	2	4	1	4	5	4	7
2	5	6	3	6	3	2	6	1	2

Puzzle (12)
2	1	5	1	4	3	1	2	3	5
6	3	4	7	5	2	6	4	1	2
4	1	5	6	4	1	3	5	6	3
6	3	4	1	5	7	2	4	2	4
2	7	6	3	4	3	1	3	1	6
1	3	5	2	5	2	5	7	5	2
2	7	4	1	4	1	3	6	3	4
3	1	2	6	2	7	5	1	2	1
5	4	3	1	6	3	7	5	3	
2	3	1	2	5	4	1	2	6	4

(12)

Variety Logic Puzzles

Suguru (21)

	2		1		4	2	1	4	2
3		5		5			5		6
7	6	3	4		7	4	6		
4		5		3			1	2	7
3			1		6	5		5	
	5		7	3		4			4
6	1	4			6		3		6
		2	7	3		5	1	5	4
5		4			2		2		7
1	3	2	3	4		6		1	

Suguru (22)

3	5		3	2		2	1	4	2
	7	4	1		1	6		6	
1		6		3	2				5
6	5		5			1	5	1	
1	2		6	3	4		4		2
4		3		7	1	6		1	6
	1	7	5			3		5	4
7				3	2		1		1
	5		4	5		6	4	2	
2	3	1	2		1	7		3	7

Suguru (23)

5	6	1	5		3	5	4	3	1
			6	4		2		2	
2	6	3		7	3		5		1
4		4		2	5	7	6	3	
3	2		6		1		1		4
1		1		4		2		2	3
	6	3	6	2	3		3		5
5		7		1	4		2	6	3
	3		2		2	6			
1	4	5	3	4		4	1	2	4

Suguru (24)

5		1	3		5	2		2	1
2	7	5		1			4		
			2		2	6		1	5
1	4		4	7	4		7		3
				2		3		6	
	2		5		6				
4		7		1	2	5		5	1
2	3		2	3		1			
		5			5		6	7	1
3	1		2	1		1	3		3

Solution on Page (15)

(13)

Variety Logic Puzzles

Suguru (25)

4	1	2		2	6		2		2
2			3		3		6		1
1	5		5	2		2	5		5
3			1				4	2	
	5	3	2		5				4
4				1		6	7	2	
	7	6				2			3
2		3	5		4	6		6	1
4		2		7		5			7
1		1		4	1		3	4	2

Suguru (26)

2	1	2		2	4	1	5	7	5
4		3	6		5				4
2	5			3		4		3	2
1	7	3			5		7		
	5		6			6	3		4
1		3	4			1		2	
	7		2				3	5	7
2	4		6		2			2	6
6			5		4	5			1
2	1	3	1	7	2		1	4	2

Suguru (27)

5		7	3	4		4		7	4
2	1	5			5	6	1	2	3
3		6	4	3		3			7
1				5			5	2	
	6	7	3		2	4			5
5			2	6		5	1	2	
	3	1		2					7
2			4		3	7	2		2
3	4	6	1	6			3	4	6
6	1		5		3	2	1		1

Suguru (28)

3	6		4		3	5	2	4	5
	1	3		2	1	4			1
5			6	3		6		2	
2	3		1		5			3	4
1		2	7	3				5	
	5				2	5	1		1
1	6			1		3		4	5
	2		4		5	2			3
3			6	3	4		3	4	
2	1	4	2	1		5		1	7

Solution on Page (16)

Puzzle (17)

5	2	1	3	2	6	2	1	3	4
3	4	6	5	1	3	4	5	6	5
6	1	3	2	4	7	1	2	1	7
7	4	5	1	3	2	3	4	3	2
6	1	3	2	5	4	5	2	1	4
5	2	4	1	3	1	6	4	3	5
6	1	5	2	7	2	3	2	1	6
5	3	4	6	3	4	5	6	4	3
1	6	2	1	2	1	2	1	5	1
2	3	5	4	7	5	3	4	6	2

Puzzle (18)

3	6	1	5	1	2	6	7	4	2
1	2	3	2	7	3	4	5	1	5
7	4	1	6	5	1	2	3	4	3
6	2	5	2	3	6	7	5	7	1
5	3	4	7	4	1	3	4	3	2
4	7	5	1	3	6	2	5	1	6
3	1	4	2	7	4	7	4	2	3
5	6	3	5	6	5	1	6	1	5
2	7	4	1	4	2	5	4	7	4
6	1	5	2	3	6	3	1	2	6

Puzzle (19)

1	6	3	5	3	6	3	4	6	1
7	4	2	7	2	5	2	7	2	3
3	6	5	6	1	4	1	5	4	5
2	1	2	4	2	6	3	6	2	1
3	4	7	1	3	1	5	4	7	3
6	1	5	6	5	4	2	3	2	5
3	4	2	3	1	3	1	6	1	4
2	5	1	5	2	6	2	5	3	2
1	4	3	1	4	1	4	1	1	
2	5	6	1	7	2	3	5	7	6

Puzzle (20)

1	2	4	3	5	1	2	3	4	5
3	5	6	1	2	3	4	5	7	2
6	1	2	7	6	5	6	1	3	6
7	4	3	4	1	2	3	7	4	2
2	1	2	5	3	4	1	5	1	5
3	6	4	6	2	5	3	6	3	2
1	5	1	3	4	1	4	2	5	4
3	4	2	5	7	2	3	1	3	1
1	6	3	1	4	5	6	5	4	6
4	5	2	5	2	7	4	3	1	2

(14)

Variety Logic Puzzles

Suguru (29)

4	7	6	2	5		3	1		4
	2			7	4		7	5	
5	3		1		5	2			1
2		5		3			4		4
6		6			1	7		5	
	5		7	3			4		3
1		3			2		6		7
5			6	1		7		4	2
	7	5		7	4			1	
3		2	6		2	5	3	4	3

Suguru (30)

2		5	7	4	1	6		5	2
5	3	2		5				3	1
6		7			7		5	1	6	3
3		6	1		1			3	2
6	4		2	4	2			6		5
7		1		1	6	3		3	2
	2	3		7		1	6		5
3	1	6	5		2		5		6
5		3			5		2	4	7
1	4		1	2	4	6	3		2

Suguru (31)

	1	6	2	3		1		4	6
4		3		4		4		1	5
	5		6	2			5		7
4		3		7	1		1	4	
1	5	7		2		3			5
6			6		4		2	6	1
	1	5		1	7		4		5
3		3			4	1		1	
6	7		2		3		5		6
1	4		5		2	1	7	2	

Suguru (32)

1	2	6		4		2	3		4
3		1			6		5		2
	5			1		7			5
1	6		3			4	1		6
2		4	5		3			4	
	6			6			4	1	3
1		4	5			3		7	2
2			2		2			4	
5		6			6			1	7
1		2	4		5		3	2	4

Solution on Page (17)

(15)

Suguru (33) Suguru (34) Suguru (35) Suguru (36)

Solution on Page (18)

Variety Logic Puzzles

Suguru (37)

Suguru (38)

Suguru (39)

Suguru (40)

Solution on Page (19)

Puzzle (29)

4	7	6	2	5	1	3	1	2	4
1	2	4	3	7	4	6	7	5	3
5	3	6	1	2	5	2	1	2	1
2	4	5	4	3	6	3	4	3	4
6	1	6	2	1	7	6	5	1	
3	5	4	7	3	6	5	4	2	3
1	2	3	2	5	2	1	6	1	7
5	4	1	6	1	6	7	3	4	2
2	7	5	3	7	4	1	2	1	5
3	4	2	6	1	2	5	3	4	3

Puzzle (30)

2	4	5	7	4	1	6	2	5	2
5	3	2	1	5	2	4	3	7	1
6	4	7	3	7	6	5	1	6	3
3	1	6	1	5	1	4	3	2	4
6	4	3	2	4	2	7	6	1	5
7	5	1	5	1	6	3	4	3	2
4	2	3	2	7	4	1	6	1	5
3	1	6	5	1	2	3	5	3	6
5	2	3	4	7	5	1	2	4	7
1	4	6	1	2	4	6	3	1	2

Puzzle (31)

5	1	6	2	3	2	1	2	4	6
4	2	3	1	4	5	4	6	1	5
3	5	4	6	2	3	2	5	3	7
4	2	3	1	7	1	4	1	4	2
1	5	7	5	2	5	3	5	3	5
6	2	4	6	3	4	1	2	6	1
4	1	5	2	1	7	3	4	3	5
3	2	3	6	5	4	1	2	1	4
6	7	1	2	1	3	6	5	3	6
1	4	3	5	4	2	1	7	2	1

Puzzle (32)

1	2	6	5	4	1	2	3	7	4
3	4	1	7	2	6	4	5	1	2
2	5	2	5	1	3	7	6	3	5
1	6	1	3	2	5	4	1	7	6
2	3	4	5	7	3	2	3	4	1
4	6	1	2	6	1	4	1	5	3
1	5	4	5	3	7	3	6	7	2
2	3	7	2	1	2	5	2	4	1
5	4	6	5	6	3	4	1	5	7
1	3	2	4	1	5	6	3	2	4

Variety Logic Puzzles

Suguru (41)

2		3	5		5			2	1
3	1			6		1	4		4
	2	5	2		4		7		1
1	3		4	5		3		3	4
5			1	7		6	1	2	
	7	2	6		4	7			3
1	3		5		3	1		4	1
4		4		7		5	3	2	
5		6	3		3			1	3
2	3			6		7	2		2

Suguru (42)

1	5	6		2	3	5		1	5
4		2		6		1	3		2
7	1				4			6	1
6			4			1			7
	4	5		1			6		5
1		2			2		3	1	
2			1			6			4
5	6			6				2	1
4		4	2		4			6	3
1	7		6	5	6		2	1	4

Suguru (43)

5	3		4		7	1	4		1
1		5		2	4	6		2	
	6	7		5				6	3
1			2		2	4		5	
	5	7		3		5		3	2
6	4		2		7		7	6	
	5		1	3		5			5
7	4				6		4	1	
	1		1	2	4		2		6
2		5	3	6		3		4	1

Suguru (44)

6		5	3		3	1	6		3
	2			2			2	7	2
4		3			3	7	1		
6			7	6		5		2	5
3	1	6		2			1		1
2		2			6		7	2	4
4	1		4		2	5			5
		3	2	7			6		1
4	1		5		2			3	
5		7	2	6			3	5	1

Solution on Page (20)

Puzzle (33)

5	1	3	2	1	3	6	3	2	5
3	2	7	6	4	2	4	7	4	1
4	6	3	2	1	5	6	2	3	7
1	5	4	5	6	3	1	4	5	1
4	7	1	3	4	2	5	6	2	7
5	2	6	2	1	6	1	3	4	1
6	7	1	4	3	5	4	5	2	3
5	4	2	5	7	1	2	6	1	4
3	1	3	4	3	5	3	4	3	5
2	7	2	1	6	7	2	7	6	1

Puzzle (34)

1	6	4	7	5	2	1	5	3	2
5	2	3	6	1	4	3	4	1	5
4	1	4	2	3	7	1	7	3	6
3	7	5	7	1	5	2	6	5	1
2	6	2	6	2	3	7	3	2	4
4	5	1	4	1	6	1	5	7	6
3	2	7	5	2	5	2	3	4	3
1	5	3	1	6	4	6	1	2	1
4	2	4	5	3	5	3	5	6	3
3	5	1	6	1	4	2	1	2	4

Puzzle (35)

1	6	1	7	4	6	2	4	3	5
3	2	5	2	3	1	5	1	7	2
4	6	3	6	7	4	3	4	5	1
1	2	7	2	3	5	1	7	6	3
3	5	1	6	4	6	4	2	4	1
4	2	7	2	5	2	7	5	3	5
3	6	5	6	1	3	6	4	2	1
4	2	4	3	4	2	5	1	3	7
5	1	5	1	5	1	3	7	2	5
6	2	3	4	3	6	2	4	1	4

Puzzle (36)

3	5	4	2	1	4	5	7	6	7
1	2	3	7	3	6	1	4	3	2
3	5	6	5	2	4	2	6	1	4
2	1	4	1	6	1	5	4	3	5
3	6	3	7	2	3	2	1	6	7
4	5	4	6	5	1	4	7	3	5
1	2	1	3	2	3	2	5	2	4
6	5	7	5	1	5	7	4	1	3
1	4	2	4	7	2	1	6	2	6
2	3	1	3	5	4	3	4	5	1

(18)

Variety Logic Puzzles

Suguru (45)

Suguru (46)

Suguru (47)

Suguru (48)

Solution on Page (21)

Puzzle (37)
4	2	1	7	4	3	2	4	1	3
7	5	3	6	5	1	7	5	2	5
1	6	4	1	2	3	6	4	1	4
4	5	3	6	5	4	1	5	3	2
6	7	4	1	2	3	2	6	1	4
5	2	3	5	7	5	1	3	5	2
3	1	6	1	3	2	6	2	6	3
2	5	4	7	5	1	4	1	4	7
3	6	3	6	3	2	5	2	5	3
2	1	4	2	1	4	6	3	1	2

Puzzle (38)
4	5	3	6	4	1	3	1	3	1
3	1	2	5	2	5	4	6	4	2
2	4	6	3	1	3	1	2	3	5
6	1	2	7	5	2	5	6	1	2
5	3	4	6	1	7	4	7	4	5
7	1	5	2	3	5	2	3	6	2
3	2	3	4	1	6	1	7	1	4
4	1	6	2	5	3	4	3	5	2
6	2	3	1	7	1	2	1	4	1
1	4	5	2	3	4	5	3	2	3

Puzzle (39)
4	1	2	3	7	3	1	2	1	6
3	6	5	1	5	2	4	7	5	3
4	2	3	2	4	6	5	3	1	6
1	5	4	5	3	1	4	6	4	2
6	2	1	2	4	2	5	2	1	6
3	5	4	7	1	3	6	3	5	4
4	6	1	3	5	2	4	1	2	1
2	7	2	6	1	3	5	6	7	3
4	3	5	3	2	7	2	4	2	4
1	2	1	4	5	1	5	3	1	3

Puzzle (40)
1	2	5	2	1	3	2	3	2	1
3	6	1	4	5	4	1	4	6	7
1	2	3	7	6	2	5	3	1	2
4	5	1	4	3	1	4	2	6	3
1	2	6	2	5	2	5	1	4	1
7	4	5	1	4	3	4	6	2	5
5	2	3	6	2	1	5	3	4	3
6	7	1	5	4	3	6	2	1	5
3	5	4	3	2	7	1	5	3	2
6	1	2	1	5	3	4	2	1	4

(19)

Variety Logic Puzzles

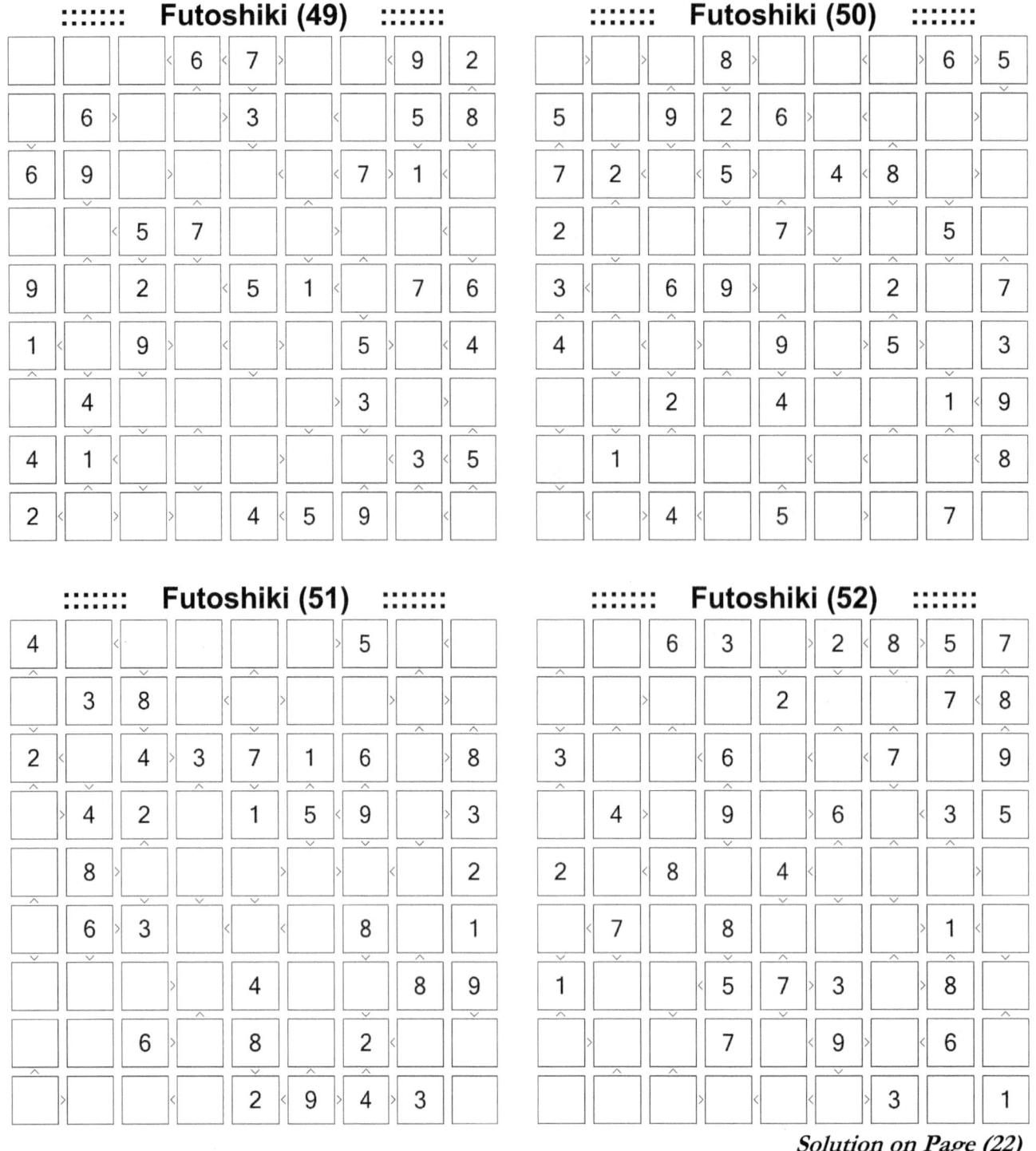

Solution on Page (22)

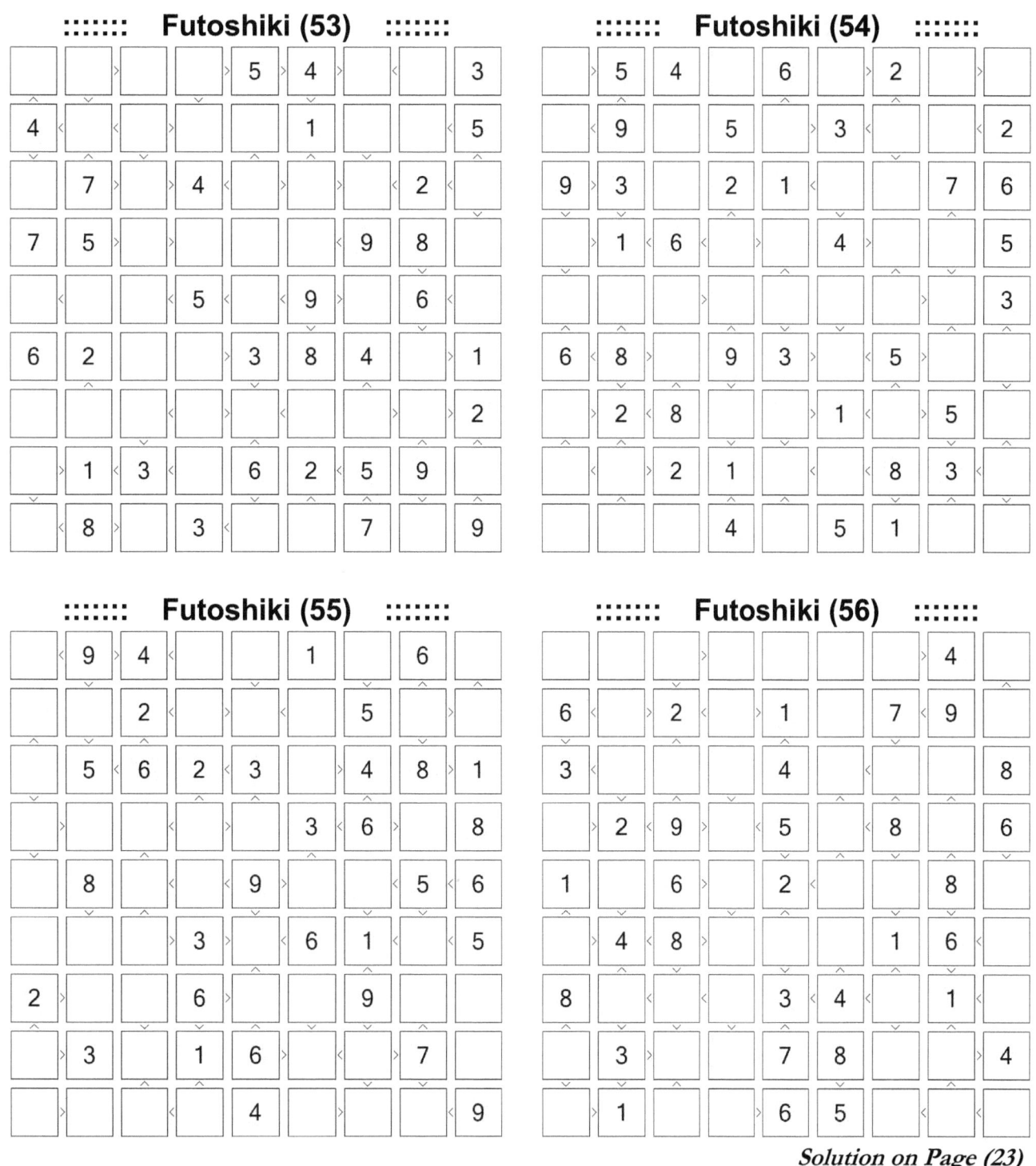

Solution on Page (23)

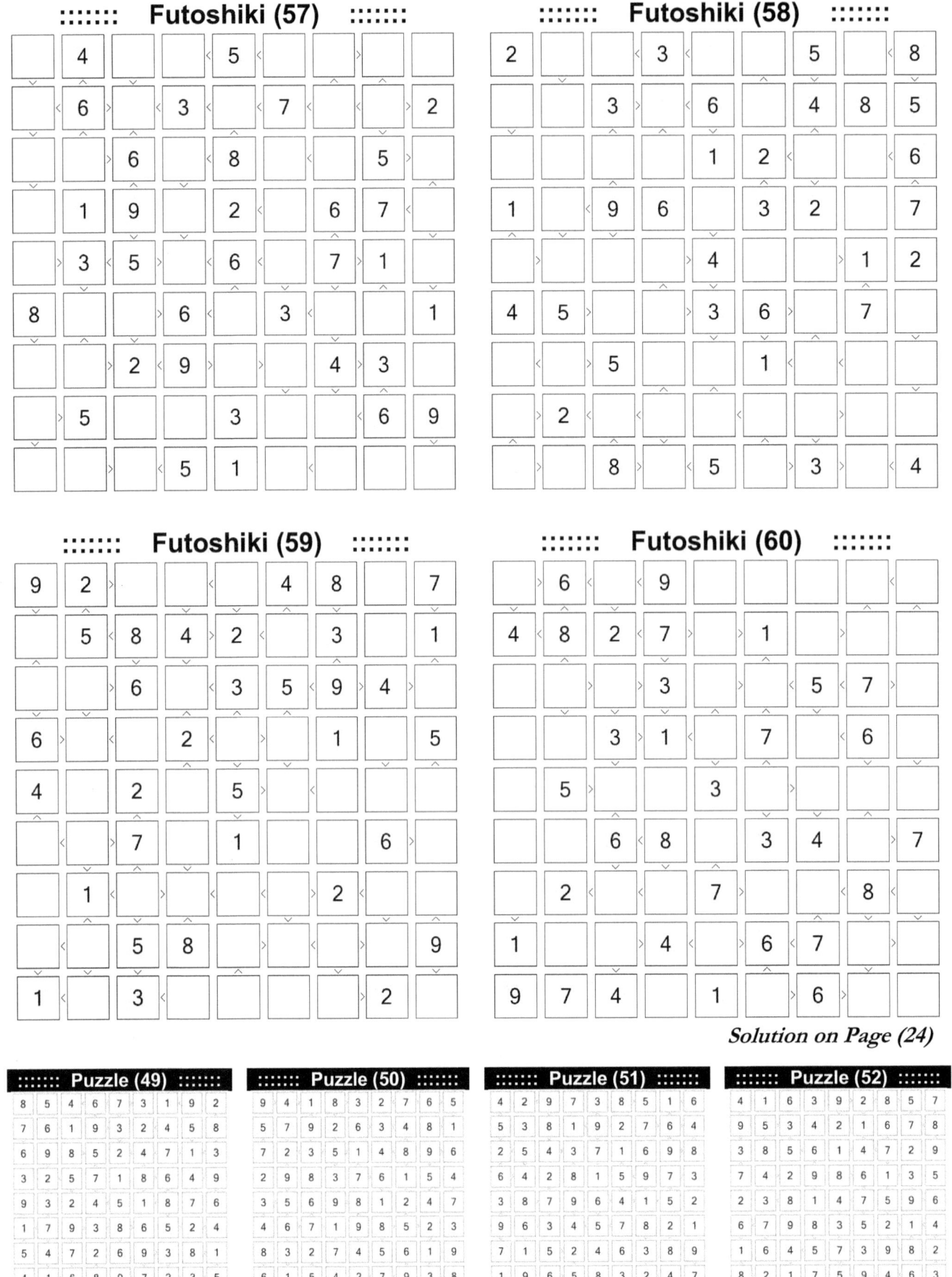

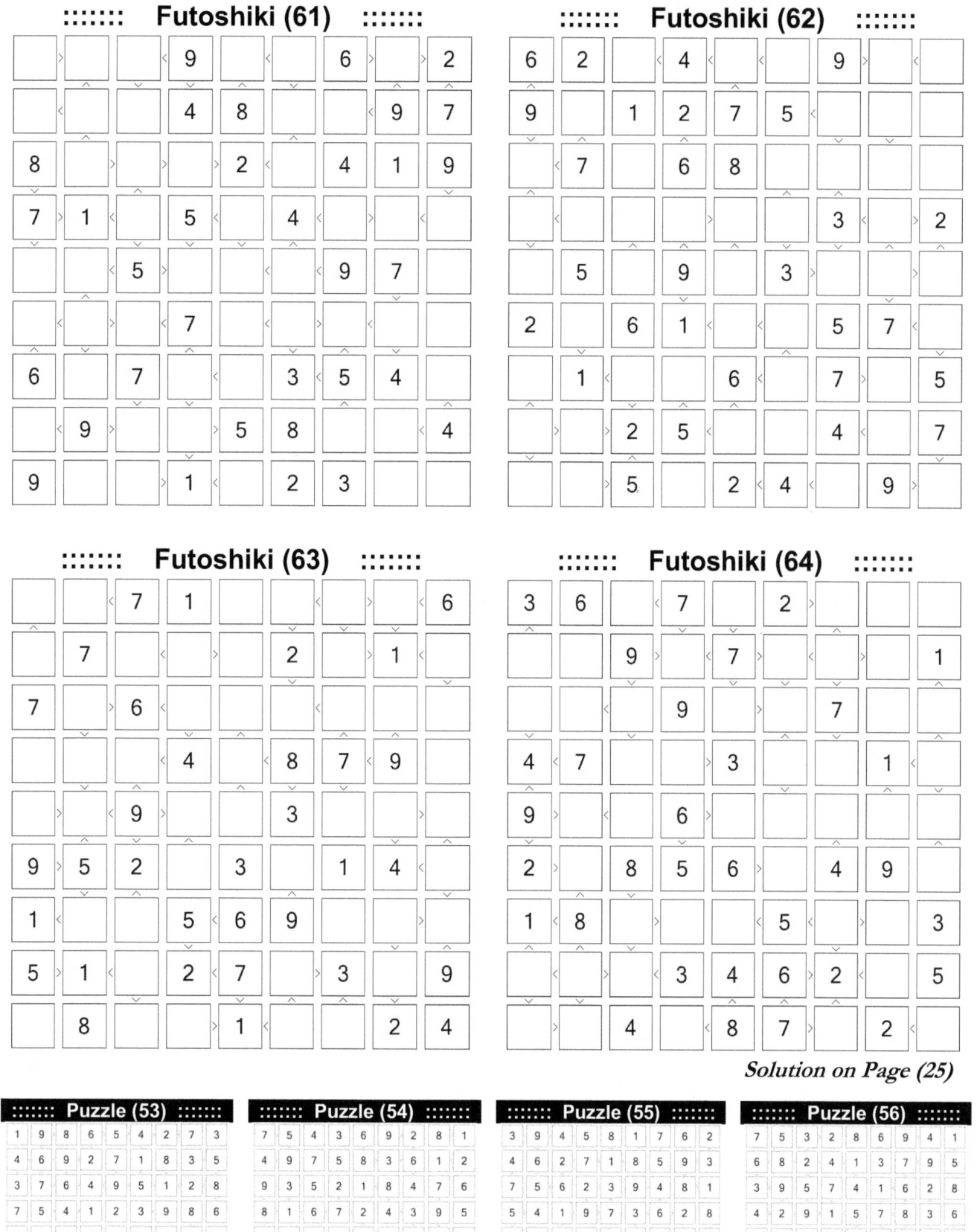

Solution on Page (25)

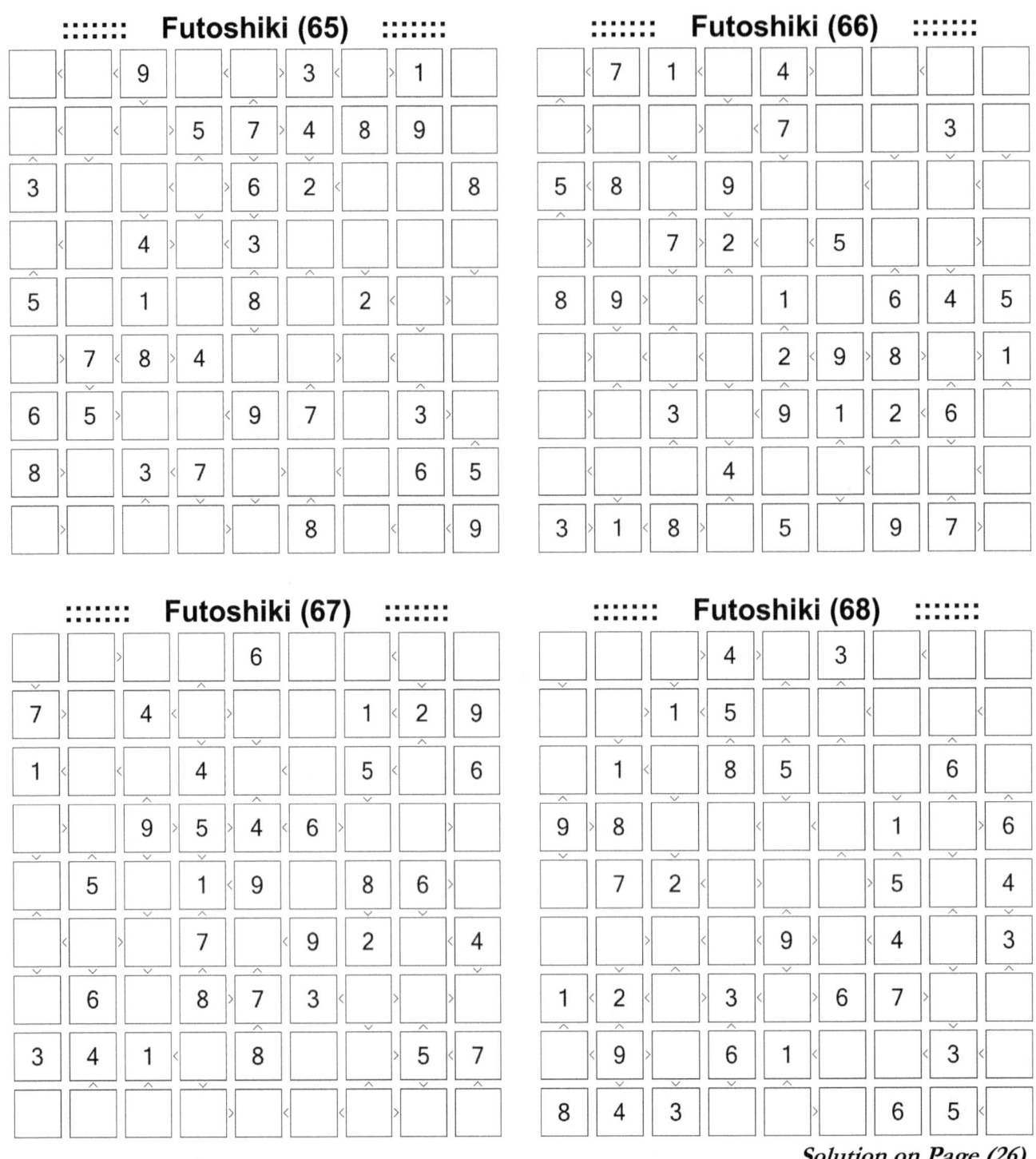

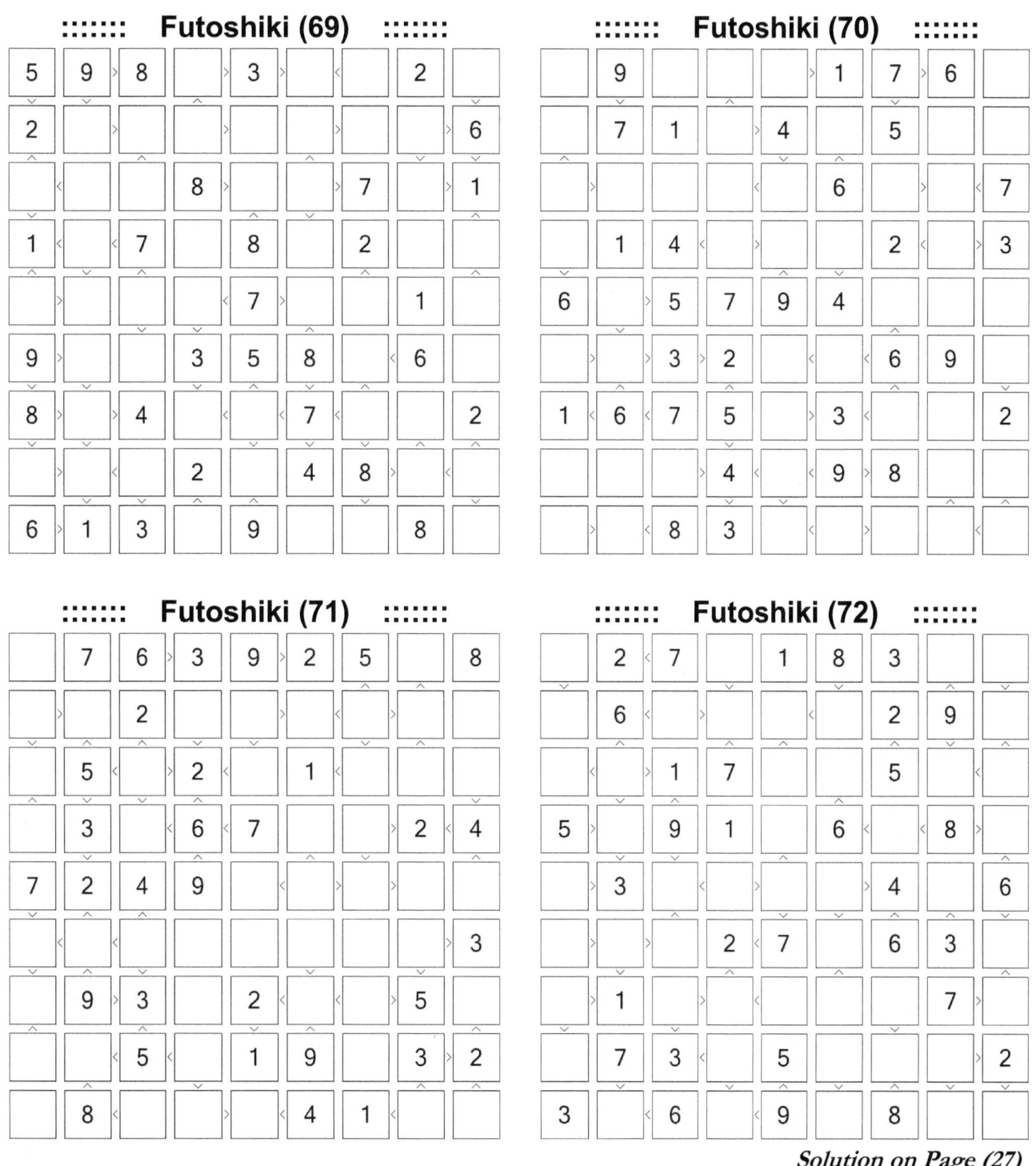

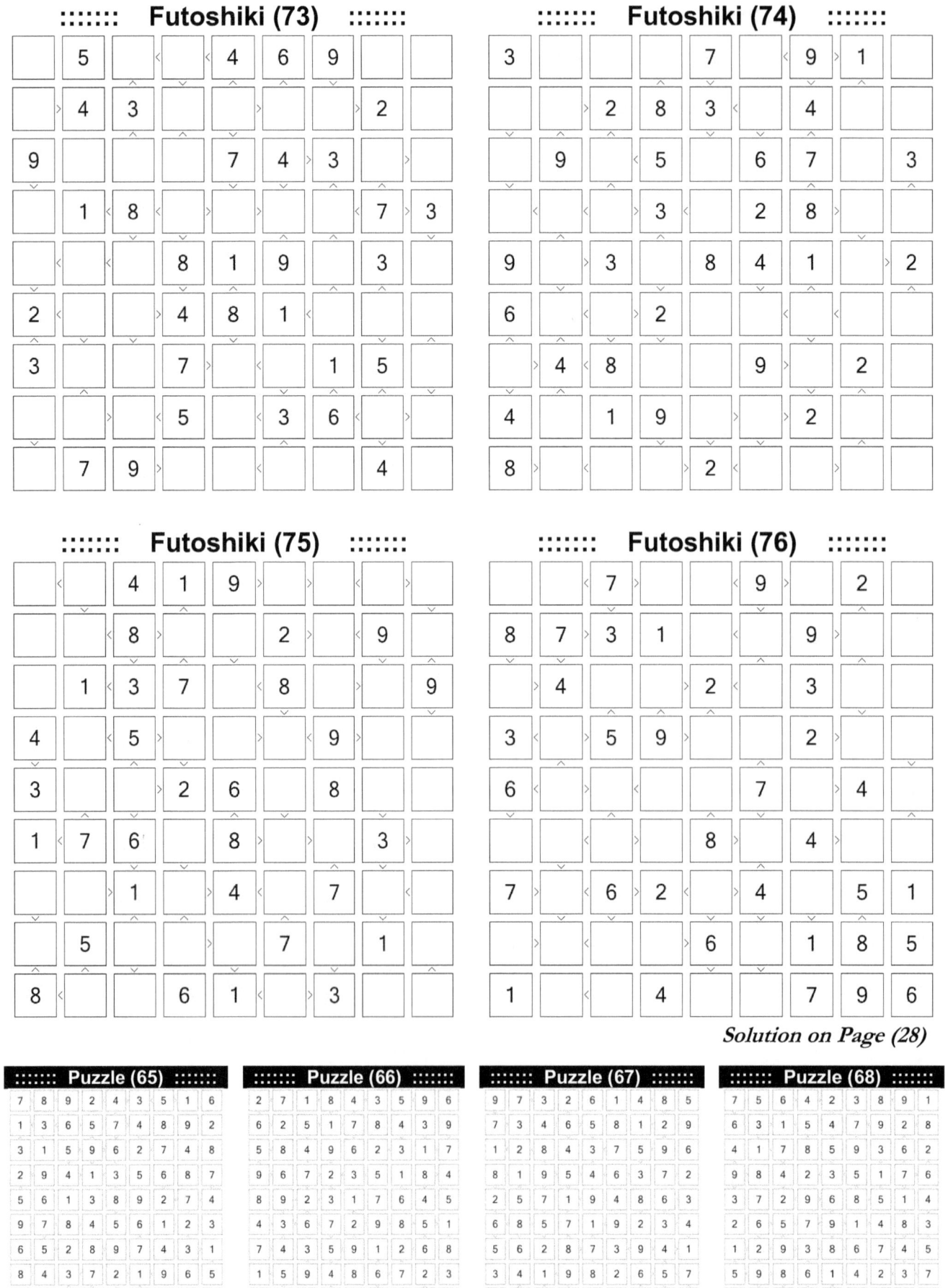

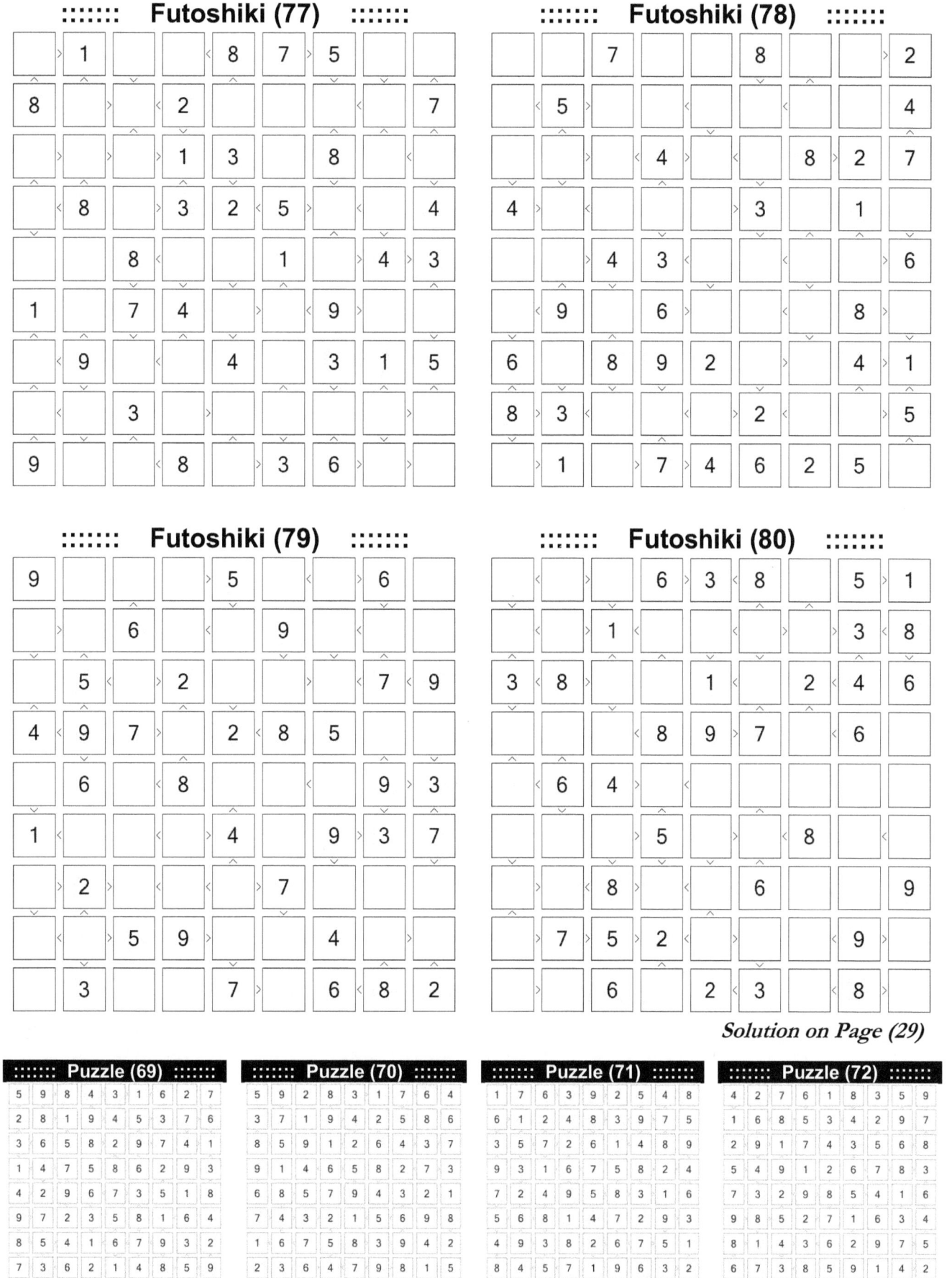

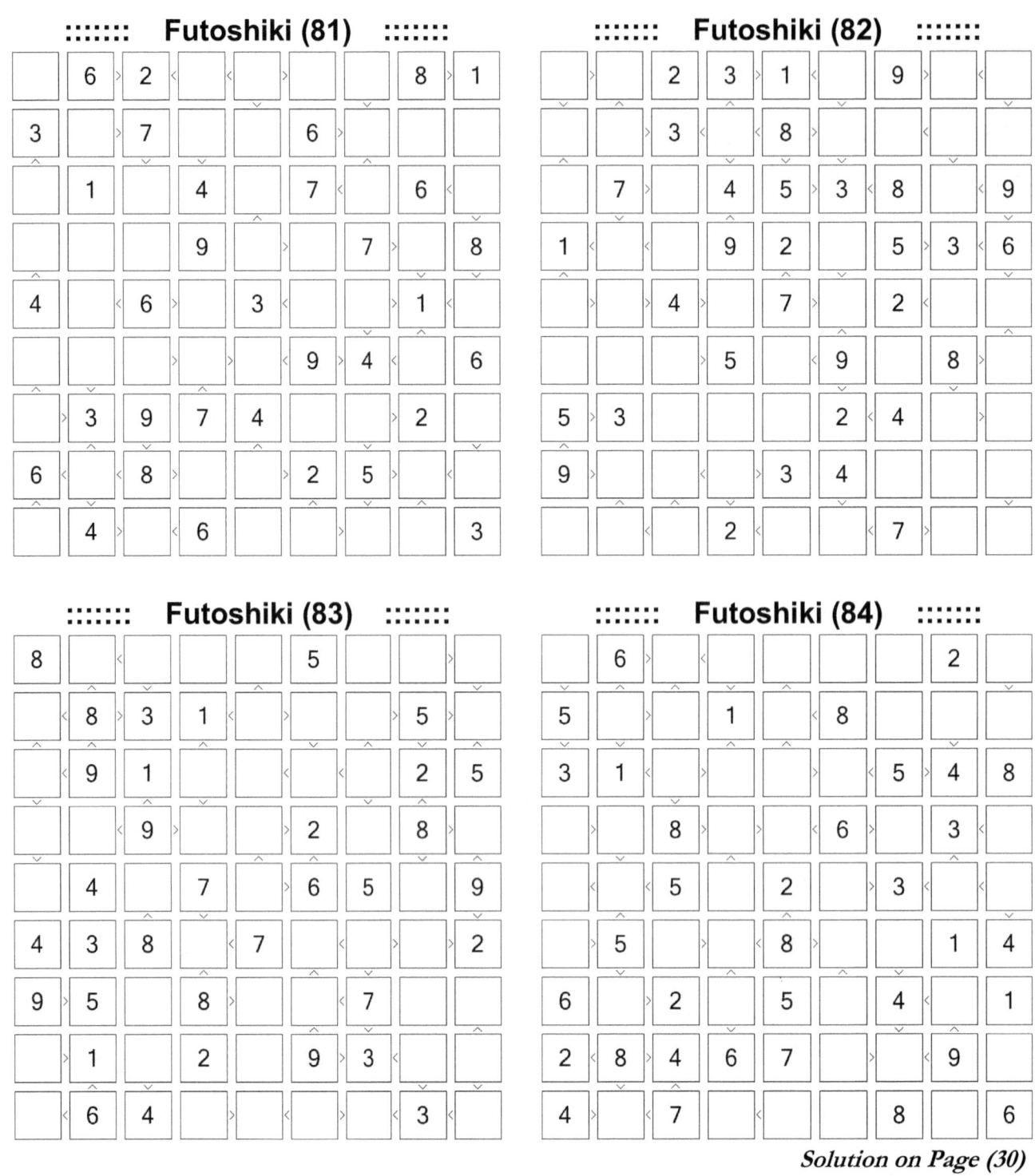

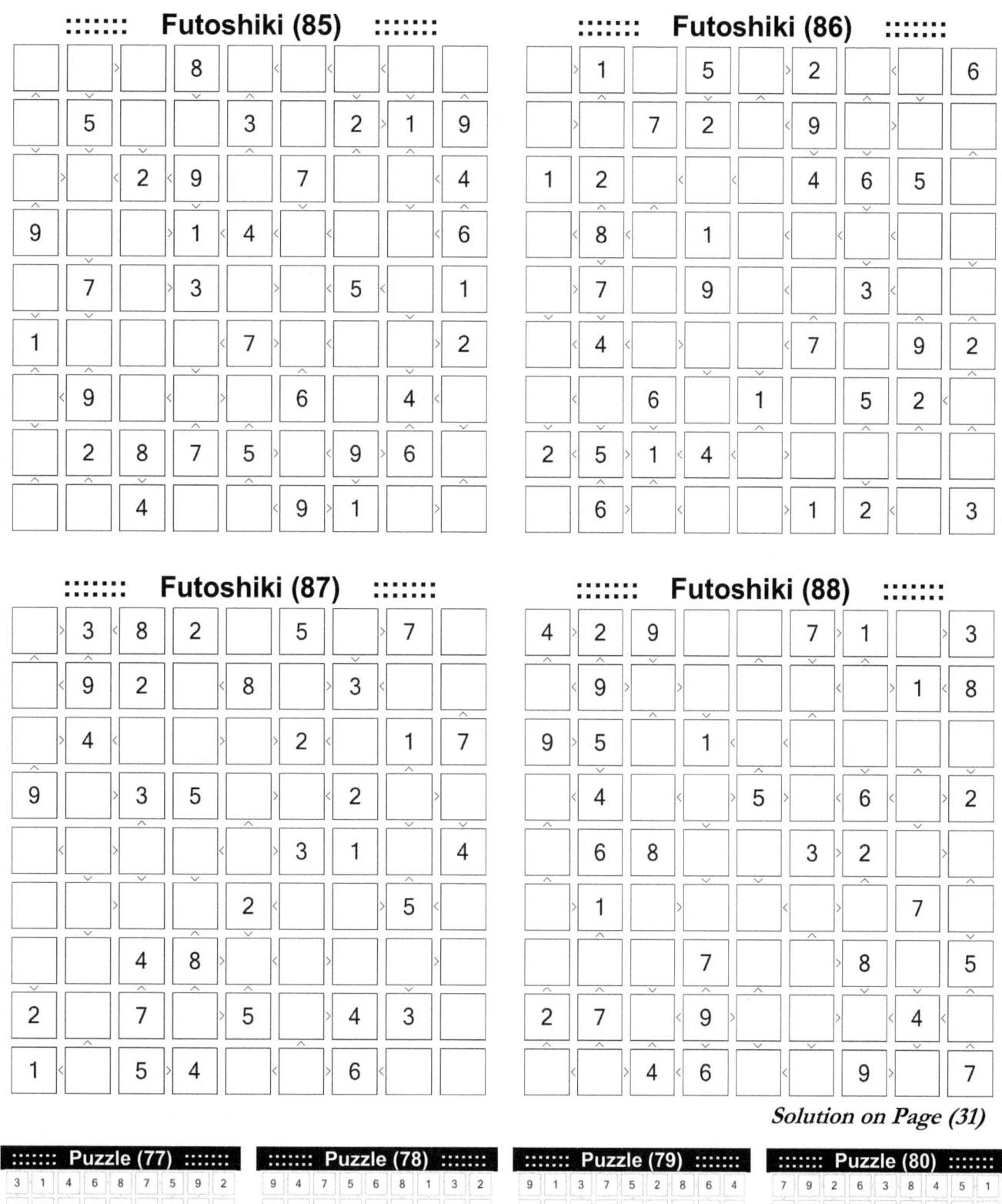

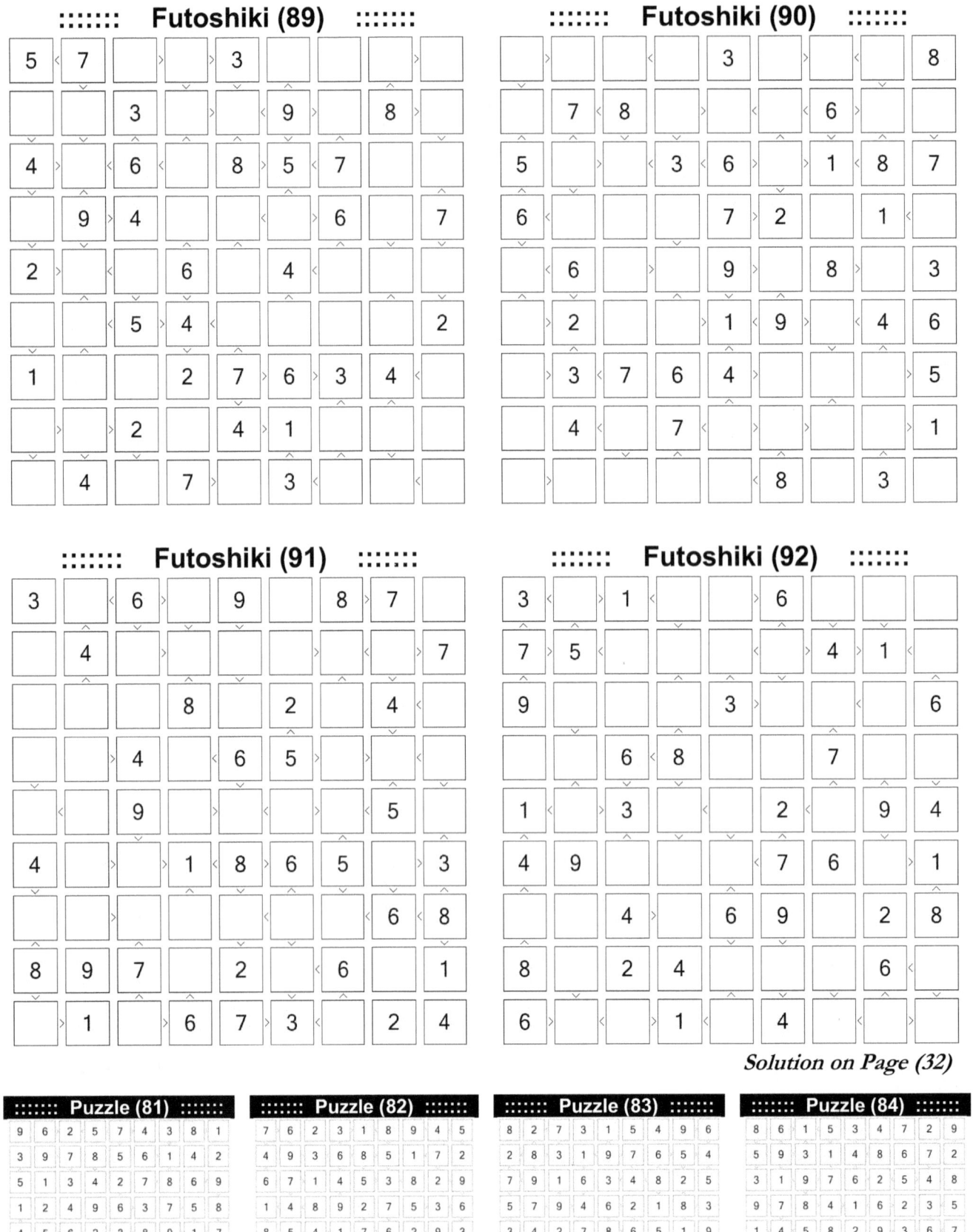

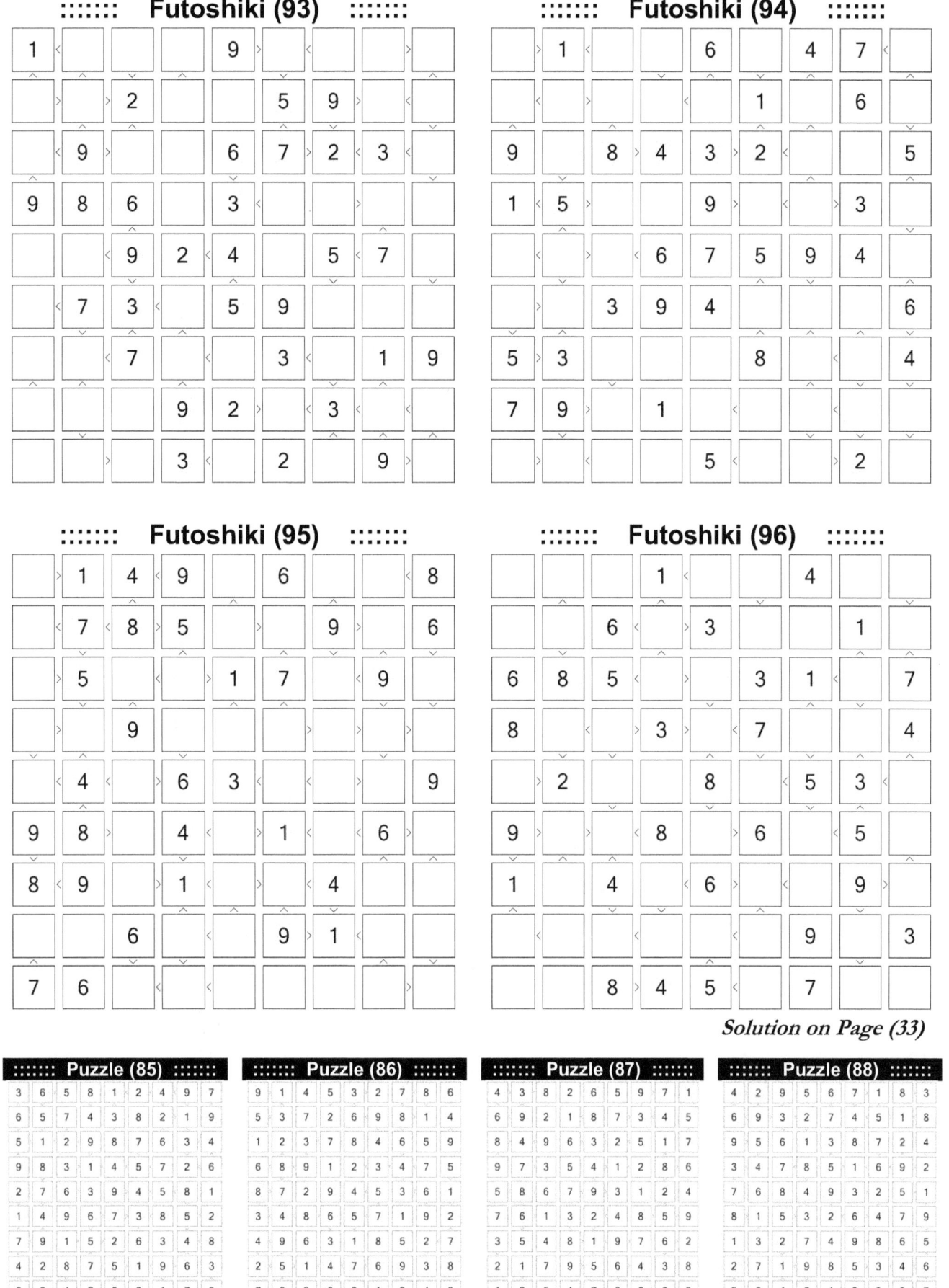

Arrows (97)

3	5	3	4	3	6	2	3	7	2
4	3	3	1	4	3	2	3	3	3
4	3	0	2	1	3	2	1	1	2
4	5	4	2	4	6	3	2	5	2
1	2	2	1	3	3	0	2	1	2
2	1	0	4	2	2	2	0	3	1
4	2	3	1	4	5	1	3	3	2
1	5	0	0	2	4	2	1	2	1
7	3	4	3	3	5	5	3	4	5
2	4	2	3	3	4	1	4	5	1

Arrows (98)

1	4	3	3	1	5	1	5	3	3
1	2	2	2	1	2	4	0	3	4
2	2	0	3	1	5	0	2	2	6
2	2	1	1	4	3	1	1	5	3
2	4	2	5	1	5	3	4	3	5
1	3	5	3	2	4	5	3	3	5
2	5	3	5	4	7	3	4	6	5
3	1	0	3	4	4	1	2	3	3
2	2	1	3	2	4	3	1	1	5
1	5	4	3	1	6	3	2	4	3

Arrows (99)

2	4	4	4	4	6	4	2	4	3
4	2	4	5	5	7	2	3	3	3
2	4	2	6	7	4	4	2	4	3
1	0	3	3	2	5	0	2	2	1
2	2	2	2	2	3	3	1	3	1
3	4	0	2	2	3	2	3	2	2
4	2	4	2	3	5	2	3	5	2
0	2	1	4	2	3	2	1	3	2
2	1	3	4	5	4	2	3	2	4
2	3	3	5	5	7	3	2	6	2

Arrows (100)

3	3	3	5	4	2	3	3	3	3
4	4	6	5	4	3	5	3	2	7
3	3	3	3	0	3	2	0	2	2
8	5	4	3	5	2	4	4	2	5
4	4	1	3	0	1	2	1	1	2
4	1	5	1	0	1	2	0	1	4
3	5	2	4	2	1	2	2	2	5
6	3	4	4	4	2	3	3	4	4
2	1	2	2	0	2	2	1	0	3
4	3	2	2	2	2	5	1	1	5

Solution on Page (34)

Puzzle (89)

5	7	9	8	3	2	4	6	1
7	6	3	5	1	9	2	8	4
4	2	6	9	8	5	7	1	3
3	9	4	1	2	8	6	5	7
2	1	7	6	9	4	8	3	5
8	3	5	4	6	7	1	9	2
1	5	8	2	4	6	3	7	9
9	8	2	3	4	1	5	7	6
6	4	1	7	5	3	9	2	8

Puzzle (90)

9	5	1	2	3	7	4	6	8
1	7	8	4	2	3	6	5	9
5	9	2	3	6	4	1	8	7
6	8	3	5	7	2	9	1	4
2	6	4	1	9	5	8	7	3
7	2	5	8	1	9	3	4	6
8	3	7	6	4	1	2	9	5
3	4	9	7	8	6	5	2	1
4	1	6	9	5	8	7	3	2

Puzzle (91)

3	2	6	4	9	1	8	7	5
6	4	5	2	3	9	1	8	7
9	5	3	8	1	2	7	4	6
7	8	4	3	6	5	2	1	9
1	6	9	7	4	8	3	5	2
4	7	2	1	8	6	5	9	3
2	3	1	9	5	7	4	6	8
5	1	8	6	7	3	9	2	4

Puzzle (92)

3	4	1	9	8	6	5	7	2
7	5	9	6	2	8	4	1	3
9	8	5	7	3	1	2	4	6
2	1	6	8	4	3	7	5	9
1	6	3	5	7	2	8	9	4
4	9	8	2	5	7	6	3	1
5	7	4	3	6	9	1	2	8
8	3	2	4	1	5	9	6	7
6	2	7	1	9	4	3	8	5

(32)

Arrows (101)

4	2	4	3	2	2	3	6	5	2
4	4	3	2	3	1	3	5	5	3
4	3	1	2	1	1	2	2	3	3
4	1	3	1	2	1	1	2	2	2
3	4	2	4	3	1	2	3	3	2
6	3	5	4	4	2	3	4	4	3
3	3	2	2	1	1	1	2	2	1
4	4	3	2	3	1	3	3	3	3
6	2	3	3	2	2	2	4	4	2
5	5	3	4	4	2	4	5	5	3

Arrows (102)

3	4	3	2	4	6	1	4	4	3
5	1	3	1	2	4	3	2	2	2
4	4	1	2	2	3	3	3	1	2
5	4	5	1	4	5	1	4	4	2
3	4	4	4	3	4	2	2	4	4
4	2	4	4	3	2	3	2	3	4
3	3	3	2	4	5	1	3	3	2
6	4	3	2	4	6	4	3	4	5
3	2	1	0	1	3	2	3	2	3
3	1	2	0	1	2	1	4	4	1

Arrows (103)

4	4	4	4	4	5	6	4	4
5	4	3	5	3	4	6	5	4
3	1	3	1	1	3	3	3	1	4
2	3	1	2	1	2	3	2	3	4
4	1	2	2	1	1	2	4	3	3
4	3	3	3	1	2	4	5	3	4
5	4	3	2	1	3	5	3	3	4
5	3	2	1	1	3	2	3	1	2
4	4	3	4	3	2	4	3	2	3
4	2	5	5	2	3	3	3	2	3

Arrows (104)

4	2	2	4	3	3	3	2	2	3
2	0	2	0	2	4	3	0	1	4
3	2	2	1	2	5	4	2	4	5
5	3	3	3	3	3	5	6	6	4
2	1	3	1	0	1	3	4	3	4
3	2	3	1	0	3	3	0	4	5
5	4	3	2	4	4	2	2	3	5
3	3	4	4	4	3	3	2	2	3
2	1	6	5	2	4	4	1	2	3
3	4	5	4	5	5	4	3	3	4

Solution on Page (35)

Arrows (105)

3	3	2	2	4	1	2	5	2	1
6	2	2	2	3	3	2	3	3	1
4	5	4	2	4	4	4	3	2	5
3	3	4	2	3	2	2	3	2	1
5	2	3	4	3	1	1	4	2	2
4	3	2	1	3	0	1	1	2	2
4	4	3	0	1	3	0	2	1	2
4	3	3	1	2	0	3	2	1	1
5	4	4	5	4	3	3	6	3	3
5	3	5	3	6	4	3	4	5	3

Arrows (106)

3	4	4	3	3	5	2	4	4	2
3	2	3	2	3	3	2	2	3	2
2	3	2	2	3	4	1	2	4	1
4	4	5	3	5	6	3	5	5	4
2	2	2	2	2	3	3	2	4	1
3	2	2	1	2	4	1	4	3	1
2	3	2	0	3	3	2	2	4	1
3	2	2	2	1	4	1	2	3	3
2	2	3	1	3	2	1	2	4	2
3	4	3	3	3	4	1	4	5	1

Arrows (107)

3	4	2	4	4	5	1	5	3	1
2	0	4	2	5	2	1	3	1	3
1	3	3	6	3	5	2	3	3	4
1	1	4	1	5	3	1	4	2	0
4	3	2	4	4	5	3	6	1	1
3	3	3	3	4	5	5	3	2	1
0	1	4	1	4	5	0	4	0	1
2	1	1	5	4	2	1	2	2	1
4	3	5	5	6	4	2	5	3	4
1	4	5	2	3	5	1	4	2	2

Arrows (108)

1	1	2	1	2	1	2	2	2	0
3	3	2	1	4	2	3	3	3	3
4	4	2	3	4	4	5	3	5	5
1	0	2	0	3	2	3	3	3	1
1	2	1	3	4	3	5	5	3	2
2	1	2	2	5	4	6	3	4	2
3	3	3	3	6	7	5	5	4	3
2	4	3	4	7	4	7	4	4	2
2	1	4	4	4	4	4	4	2	2
2	4	4	4	6	4	5	3	5	4

Solution on Page (36)

Puzzle (97)

3	5	3	4	3	6	2	3	7	2
4	3	3	1	4	3	2	3	3	3
4	3	0	2	1	3	2	1	1	2
4	5	4	2	4	6	3	2	5	2
1	2	2	1	3	3	0	2	1	2
2	1	0	4	2	2	2	0	3	1
4	2	3	1	4	5	1	3	3	2
1	5	0	0	2	4	2	1	2	1
7	3	4	3	3	5	5	3	4	5
2	4	2	3	3	4	1	4	5	1

Puzzle (98)

1	4	3	3	1	5	1	5	3	3
1	2	2	2	1	2	4	0	3	4
2	2	0	3	1	5	0	2	2	6
2	2	1	1	4	3	1	1	5	3
2	4	2	5	1	5	3	4	3	5
1	3	5	3	2	4	5	3	3	5
2	5	3	5	4	7	3	4	6	5
3	1	0	3	4	4	1	2	3	3
2	1	3	2	4	2	3	1	1	3
1	5	4	3	1	6	3	2	4	3

Puzzle (99)

2	4	4	4	4	6	2	4	3	
4	2	4	5	5	7	2	3	3	3
2	4	2	6	7	4	4	2	4	3
1	0	3	3	2	5	0	2	2	1
2	2	2	2	3	3	1	3	1	
3	4	0	2	2	3	2	3	2	2
4	2	4	2	3	5	2	3	5	2
0	2	1	4	2	3	2	1	3	2
2	1	3	4	5	4	2	3	2	4
2	3	5	5	7	3	2	6	2	

Puzzle (100)

3	3	5	4	2	3	3	3	3	
4	4	6	5	4	3	5	3	2	7
3	3	3	3	0	3	2	0	2	2
8	5	4	3	5	2	4	4	2	5
4	4	1	3	0	1	2	1	1	2
4	1	5	1	0	1	2	0	1	4
5	5	2	4	2	1	2	2	2	5
6	3	4	4	4	2	3	3	4	4
2	1	2	2	0	2	2	1	0	3
4	3	2	2	2	2	5	1	1	5

(34)

Arrows (109)

4	6	2	2	7	4	5	3	5	4
4	1	3	2	4	5	2	3	3	3
2	1	2	4	4	2	5	1	3	5
2	1	1	1	4	2	1	2	3	2
3	2	1	0	3	3	1	2	3	1
3	2	1	1	2	1	5	0	1	4
2	1	2	1	2	3	1	2	2	2
3	2	2	2	6	2	2	2	5	3
5	3	2	5	5	4	4	3	4	5
2	2	4	1	4	4	4	2	2	2

Arrows (110)

2	3	3	2	2	1	3	2	1	3
2	1	3	2	2	3	2	2	1	4
1	2	1	2	3	2	3	2	2	4
3	2	3	2	3	3	4	5	3	4
2	3	3	2	1	3	5	5	3	5
3	4	4	2	3	3	6	5	5	7
4	2	2	2	2	3	2	5	4	6
2	3	2	2	3	1	4	3	4	6
1	1	3	1	0	2	2	3	1	4
3	3	3	2	2	2	4	3	2	4

Arrows (111)

2	1	3	0	2	2	2	5	2	1
5	1	2	3	2	2	4	5	5	4
1	2	1	0	3	1	1	4	6	3
1	0	3	0	2	2	0	5	4	4
2	0	1	3	1	0	4	2	4	4
3	1	2	0	3	2	0	5	3	2
4	5	4	2	5	4	3	5	6	3
2	1	3	3	1	1	3	2	2	4
3	0	4	2	3	1	0	4	3	2
4	6	3	4	6	3	2	5	7	3

Arrows (112)

2	4	3	3	2	4	2	3	4	3
3	6	3	3	4	5	3	3	6	5
4	3	1	3	3	4	2	2	4	5
2	2	0	2	2	3	1	1	3	3
3	4	2	2	3	4	2	2	4	4
2	4	1	2	1	3	1	1	3	2
5	5	4	4	4	4	3	3	4	6
1	4	1	3	2	3	0	0	4	2
6	4	4	4	5	5	2	3	4	6
2	6	1	4	3	4	3	1	4	3

Solution on Page (37)

Arrows (113)

3	4	3	4	3	4	5	2	5	2
2	0	3	1	1	2	2	2	2	1
3	4	3	5	3	2	5	3	6	3
3	2	4	3	2	2	2	3	5	2
0	2	3	2	1	1	2	1	3	2
4	2	3	4	2	2	4	1	4	3
2	2	2	2	2	2	1	2	3	0
2	2	3	2	2	1	3	1	3	0
3	3	4	5	1	3	4	2	3	3
4	4	6	4	5	3	4	3	6	2

Arrows (114)

4	6	2	2	5	5	3	7	3	3
6	2	2	2	1	4	5	4	3	2
4	3	2	2	1	4	4	4	2	4
3	3	1	0	3	2	0	3	2	2
4	2	1	3	1	2	0	1	2	4
4	3	4	3	2	2	2	2	2	4
3	4	2	1	1	2	0	3	0	1
5	3	1	1	1	2	2	1	1	2
5	2	1	1	1	3	1	2	1	3
3	3	1	1	2	2	1	3	2	3

Arrows (115)

5	3	4	4	4	3	2	4	5	4
3	2	4	2	2	2	2	3	3	3
4	4	5	2	2	3	4	4	3	4
4	3	3	1	1	2	2	3	3	2
3	1	2	0	1	0	0	2	2	3
4	2	3	2	1	1	1	2	4	5
4	3	4	1	1	1	1	3	4	3
4	4	4	1	1	1	2	4	2	4
5	4	5	3	2	3	4	3	5	3
5	3	5	3	4	4	2	5	3	3

Arrows (116)

4	3	6	5	5	6	4	2	5	3
3	2	3	5	5	4	4	3	2	1
4	3	4	5	6	5	6	4	3	3
1	1	3	2	2	5	3	1	4	0
6	3	4	4	5	4	5	5	4	5
3	3	1	3	2	1	3	2	4	1
2	1	5	1	1	3	1	2	3	2
1	2	2	3	2	1	3	0	2	2
5	1	2	4	4	3	2	2	2	3
2	2	3	2	4	4	2	1	4	1

Solution on Page (38)

:::::: Arrows (117) ::::::

1	2	1	3	0	4	0	1	4	0
4	4	3	1	4	2	2	4	3	3
3	6	0	2	0	2	2	2	4	0
5	3	4	0	0	3	1	3	3	1
2	6	1	2	2	1	2	2	3	2
5	4	3	4	3	4	1	3	5	3
1	3	3	2	3	3	1	2	4	1
2	4	1	3	2	3	3	3	2	2
6	4	3	2	3	5	4	4	5	2
3	7	2	2	3	5	3	5	6	1

:::::: Arrows (118) ::::::

0	2	2	1	0	2	2	2	2	4
2	3	3	1	2	2	2	4	3	6
3	4	3	3	2	4	2	4	7	5
1	2	3	1	2	2	2	4	3	5
1	2	2	2	1	3	3	3	2	6
1	2	2	1	2	4	2	2	5	4
1	1	1	0	2	2	0	4	2	3
1	2	1	2	0	1	3	2	2	4
1	2	4	0	0	3	1	2	3	4
4	6	4	3	4	4	2	5	5	5

:::::: Arrows (119) ::::::

5	2	3	3	4	3	2	5	4	2
3	1	3	5	3	3	2	5	4	3
3	1	3	4	5	2	3	4	3	5
3	1	1	3	3	4	0	3	3	2
7	3	4	4	6	4	4	5	4	4
3	3	2	4	2	2	2	4	1	1
4	2	6	4	4	3	2	4	3	2
3	3	3	6	5	3	1	3	3	4
5	1	3	5	6	3	1	3	3	3
2	1	2	3	3	3	1	3	1	2

:::::: Arrows (120) ::::::

3	2	3	3	3	3	4	2	4	1
3	0	2	3	3	2	2	2	2	1
3	1	2	3	4	1	3	1	2	3
4	2	3	3	2	3	2	1	4	1
5	3	4	2	3	1	3	3	2	2
6	5	4	5	3	2	5	3	4	3
5	3	6	4	4	3	3	3	5	2
2	2	3	4	5	2	3	2	2	1
6	1	3	6	5	4	5	2	2	2
3	2	3	2	4	4	3	1	2	1

Solution on Page (39)

Arrows (121)

4	3	4	1	4	4	2	5	3	4
3	1	3	1	2	2	4	0	2	4
2	1	3	2	1	3	2	1	0	4
2	1	4	0	4	1	1	1	1	2
2	2	2	3	1	2	1	0	1	4
3	0	5	0	2	1	2	0	1	5
3	4	3	2	2	3	2	3	3	3
3	1	3	0	2	1	3	2	1	2
2	0	3	1	1	3	3	1	0	4
4	3	4	3	5	5	4	2	4	6

Arrows (122)

3	5	2	5	4	4	5	4	3	5
1	1	2	3	1	3	3	2	1	2
2	3	2	5	2	3	4	4	3	2
1	4	2	4	3	2	4	5	3	4
2	2	3	4	1	4	4	4	5	4
1	2	0	3	1	2	4	4	3	2
3	3	1	3	3	3	5	6	2	5
0	2	1	3	0	4	4	2	5	1
2	3	4	5	4	4	5	7	3	6
1	3	1	6	3	2	5	4	4	2

Arrows (123)

2	4	2	4	1	0	2	1	3	1
4	2	4	4	0	0	3	1	1	3
1	6	2	3	1	1	3	0	3	0
6	4	4	3	3	3	3	3	2	2
3	5	2	6	2	2	6	1	3	2
2	3	5	4	3	3	4	3	3	1
3	3	2	4	2	2	3	2	2	1
4	6	2	5	3	2	6	1	4	3
3	3	5	2	1	3	2	3	2	1
2	6	3	6	2	1	6	2	4	2

Arrows (124)

4	3	2	3	4	2	1	3	3	3
5	1	1	2	3	0	0	2	2	2
5	2	1	2	2	0	1	1	2	2
3	3	2	1	2	1	0	2	1	2
5	1	2	2	3	0	1	1	2	2
6	4	2	6	5	3	2	4	4	4
2	1	3	1	5	1	1	2	2	1
4	3	3	6	4	5	4	4	3	4
5	1	2	3	6	2	4	3	3	3
4	3	1	3	5	4	1	5	4	3

Solution on Page (40)

Puzzle (113)

3	4	3	4	5	2	5	2
2	0	3	1	1	2	2	1
3	4	3	5	3	2	5	3	6	3
3	2	4	3	2	2	2	3	5	2
0	2	3	2	1	1	2	1	3	2
4	2	3	4	2	2	4	1	4	3
2	2	2	2	2	2	1	2	3	0
2	2	3	2	2	1	3	1	3	0
3	3	4	5	1	3	4	2	3	3
4	4	6	4	5	3	4	3	6	2

Puzzle (114)

4	6	2	2	5	5	3	7	3	3
6	2	2	2	1	4	5	4	3	2
4	3	2	2	1	4	4	4	2	4
3	3	1	0	3	2	0	3	2	2
4	2	1	3	1	2	0	1	2	4
4	3	4	3	2	2	2	2	2	4
3	4	2	1	1	2	0	3	0	1
5	3	1	1	1	2	2	1	1	2
5	2	1	1	3	1	2	1	3	2
3	3	1	1	2	2	2	2	3	3

Puzzle (115)

5	3	4	4	4	3	2	4	5	4
3	2	4	2	2	2	3	3	3
4	4	5	2	2	3	4	4	3	4
4	3	3	1	1	2	2	3	3	2
3	1	2	0	1	0	0	2	2	3
4	2	3	2	1	1	1	2	4	5
4	3	4	1	1	1	1	3	4	3
4	4	4	1	1	1	2	4	2	4
5	4	5	3	2	3	4	3	5	3
5	5	3	4	4	2	5	3	3

Puzzle (116)

4	3	6	5	5	6	4	2	5	3
3	2	3	5	5	4	4	3	2	1
4	3	4	5	6	5	6	4	3	3
1	1	3	2	2	5	3	1	4	0
6	3	4	4	5	4	5	5	4	5
3	3	1	3	2	1	3	2	4	1
2	1	5	1	1	3	1	2	3	2
1	2	2	3	2	1	3	0	2	2
5	1	2	4	4	3	2	2	2	3
2	2	3	2	4	4	2	1	4	1

(38)

Arrows (125)

2	2	5	2	3	2	4	3	2	3
4	3	5	4	4	2	6	5	2	3
3	1	2	2	3	1	3	2	1	1
5	3	5	3	6	4	4	3	3	5
1	2	3	3	3	1	3	1	1	2
3	1	6	4	4	1	4	4	1	3
2	3	4	4	4	2	4	3	3	3
3	2	4	2	5	3	4	3	3	4
4	1	3	3	4	3	5	4	2	3
4	3	4	4	5	3	7	5	3	3

Arrows (126)

3	3	5	6	3	4	2	4	3	5
2	3	3	2	2	1	1	0	1	3
6	6	4	4	2	5	2	2	3	5
5	4	4	2	2	2	2	2	2	2
4	4	3	4	1	2	2	3	1	2
4	3	4	3	2	3	2	1	2	3
1	3	2	2	2	3	0	0	1	2
3	2	3	4	3	3	2	2	1	3
1	1	2	3	1	2	2	1	1	2
3	4	4	3	3	5	3	3	4	5

Arrows (127)

2	2	5	1	1	5	1	2	3	4
2	2	3	3	2	2	3	3	1	4
4	2	3	4	4	3	3	5	3	4
3	2	4	2	3	6	2	4	5	4
1	1	1	0	1	2	3	2	1	4
5	1	2	2	1	3	3	5	2	4
2	3	3	1	2	3	2	4	5	2
2	2	4	2	2	3	2	4	2	6
3	1	3	4	2	3	3	2	3	4
3	3	4	3	5	5	2	5	3	4

Arrows (128)

3	4	3	3	2	3	3	5	4	2
2	3	3	2	0	1	3	4	3	1
2	4	2	2	0	2	2	3	4	1
4	4	3	2	3	3	2	4	4	3
2	3	1	3	1	2	2	2	3	1
1	2	3	2	1	2	2	3	2	0
4	5	4	4	3	4	4	5	4	4
3	5	2	3	2	3	3	3	6	2
5	3	4	2	3	2	3	2	6	4	2
3	7	3	5	2	3	6	5	5	2

Solution on Page (41)

(39)

Arrows (129)

1	2	2	0	1	4	0	0	1	2
4	3	3	1	3	3	2	1	1	5
6	5	3	5	2	3	3	3	4	3
2	3	5	0	1	1	0	3	1	1
4	5	4	3	1	3	3	1	2	5
6	4	3	3	3	4	2	1	3	3
3	3	3	1	4	3	0	3	0	1
2	4	4	5	2	4	5	1	2	2
3	2	6	3	3	5	3	3	1	4
3	5	2	3	5	4	2	3	4	3

Arrows (130)

1	5	1	3	1	2	2	4	2	2
3	3	1	3	2	0	5	3	1	3
2	3	1	4	0	3	4	2	2	2
1	4	2	2	3	2	3	3	1	3
2	5	2	6	3	2	5	3	3	3
4	4	5	7	3	4	5	5	3	4
0	5	2	3	3	1	4	2	1	3
3	5	2	5	2	4	4	3	3	3
3	3	3	4	3	2	5	4	2	3
1	5	1	5	2	2	5	4	2	2

Arrows (131)

4	2	5	2	6	2	3	3	4	3
4	0	4	4	3	2	1	2	1	3
3	4	5	3	6	2	2	2	3	4
4	3	6	2	5	3	1	3	4	3
6	1	3	3	2	1	2	3	2	2
3	3	3	0	4	0	3	3	2	2
4	2	5	1	3	5	1	4	4	4
4	1	3	3	5	1	4	2	5	5
2	0	2	2	4	1	0	5	2	2
3	1	5	1	4	3	3	3	4	2

Arrows (132)

2	1	1	3	2	4	1	3	2	2
3	1	2	5	3	3	5	3	3	5
4	3	3	6	3	5	5	5	5	7
2	3	3	3	3	4	3	5	6	4
3	2	2	5	2	3	5	5	4	6
4	1	2	5	2	4	5	4	4	4
2	2	1	2	3	4	2	3	2	3
3	3	2	5	3	4	4	2	3	4
2	0	3	5	1	2	2	2	1	5
1	2	2	4	2	1	1	2	4	2

Solution on Page (42)

Variety Logic Puzzles

Mathrax (133)

6	2		7	3		8
		4				
4			8	6	2	
				5		
7		4		1		
5						
		2				
				8		7

Clues: 1−, O, 10+, 3−, 12×, E, 10+, 4+, 12+

Mathrax (134)

						2
2		7	8			6
				6		
				3	2	
			4			7
				1		4
6				7	5	
		2	7	4	6	8

Clues: 2−, 1÷, E, 12×, 1÷, 5+, 3÷, 1−

Mathrax (135)

	2		5		3		
					8		
2					7	8	
		1	4	6		3	
	8						
	7		8		6		
						6	
8	6			4			

Clues: 12×, 6×, 11+, 1−, 7+, 3−, 2−

Mathrax (136)

	4			3		8
	1		7			2
6	2			8		
2		5	8		6	
			7			
		4		6		3
						5

Clues: 2−, O, 9+, E, O, 11+, E, 5−

Solution on Page (43)

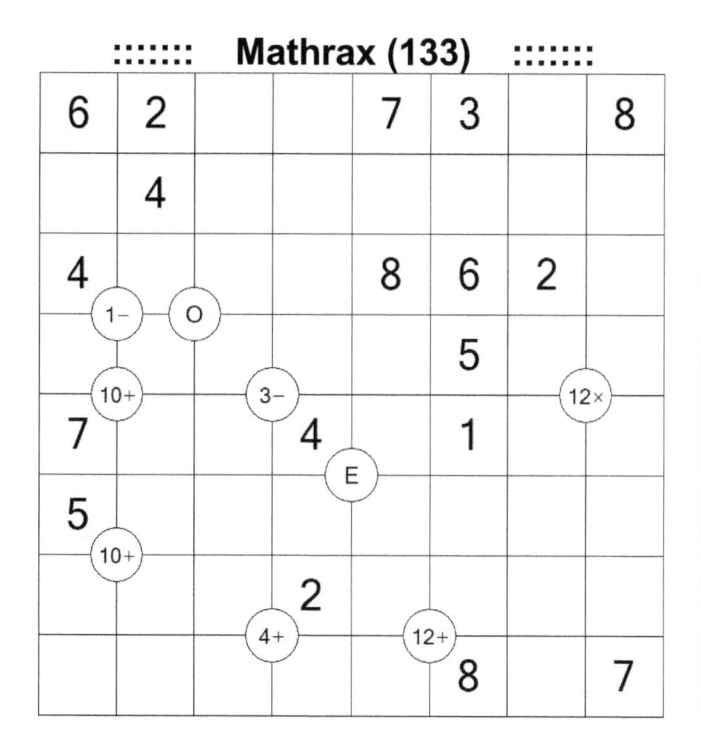

Variety Logic Puzzles

Mathrax (137)

Mathrax (138)

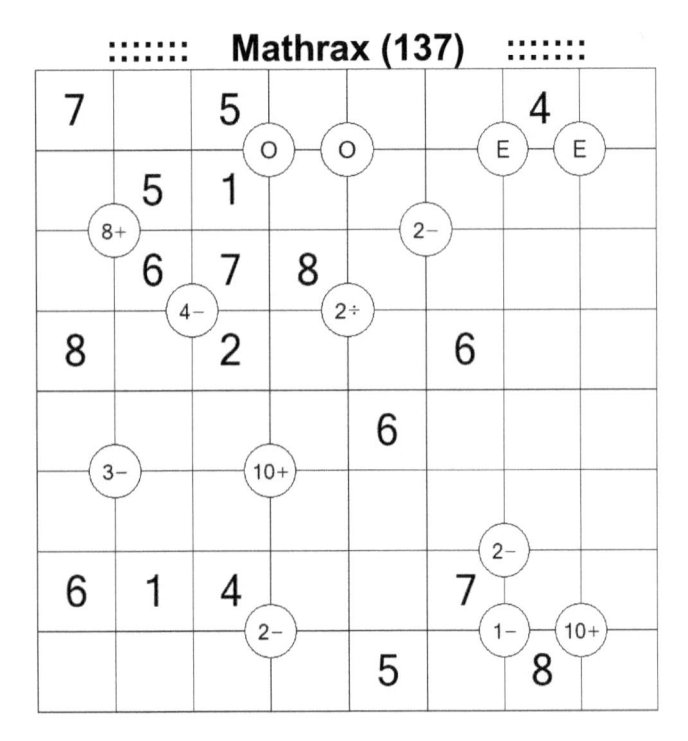

Mathrax (139)

Mathrax (140)

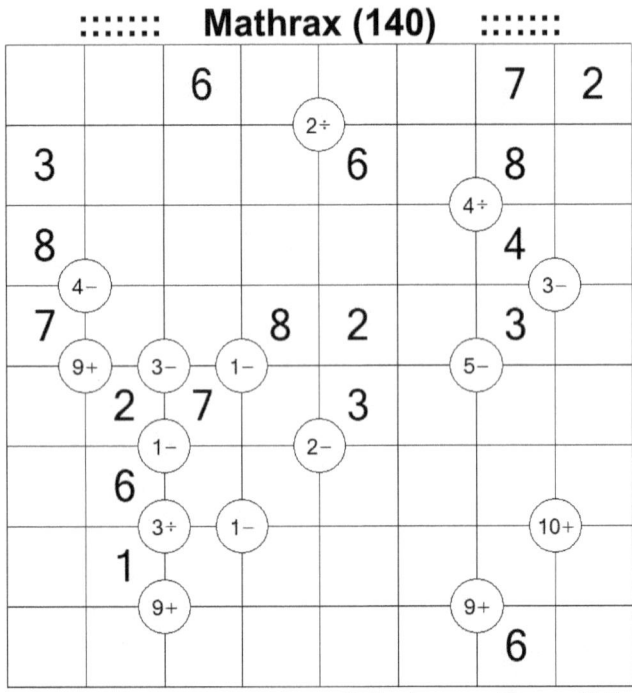

Solution on Page (44)

Variety Logic Puzzles

Mathrax (141)
Mathrax (142)
Mathrax (143)
Mathrax (144)

Solution on Page (45)

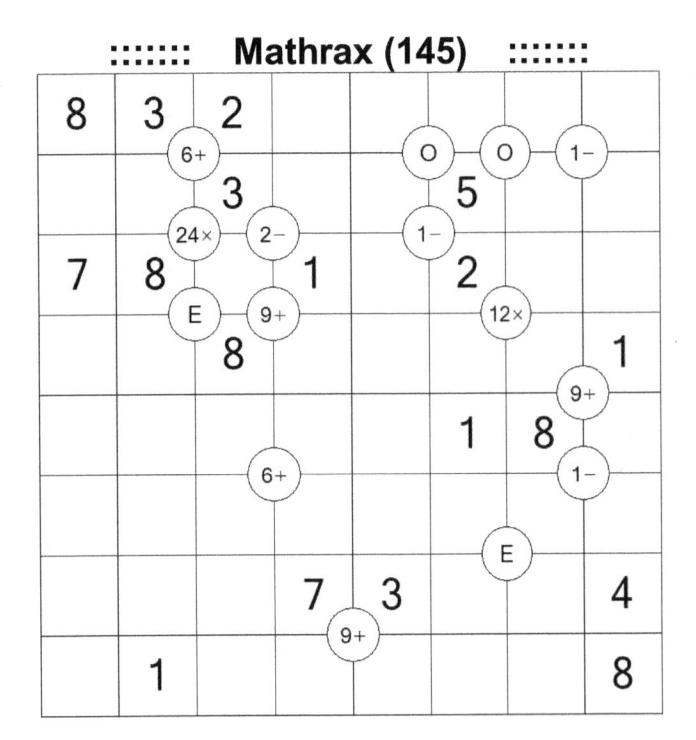

Mathrax (145), Mathrax (146), Mathrax (147), Mathrax (148)

Variety Logic Puzzles

Mathrax (149)
Mathrax (150)
Mathrax (151)
Mathrax (152)

Solution on Page (47)

Puzzle (141)
Puzzle (142)
Puzzle (143)
Puzzle (144)

Variety Logic Puzzles

Mathrax (153)

Mathrax (154)

Mathrax (155)

Mathrax (156)

Solution on Page (48)

Variety Logic Puzzles

Mathrax (157)

Mathrax (158)

Mathrax (159)

Mathrax (160)

Solution on Page (49)

Puzzle (149)
Puzzle (150)
Puzzle (151)
Puzzle (152)

(47)

Variety Logic Puzzles

Mathrax (161)

Mathrax (162)

Mathrax (163)

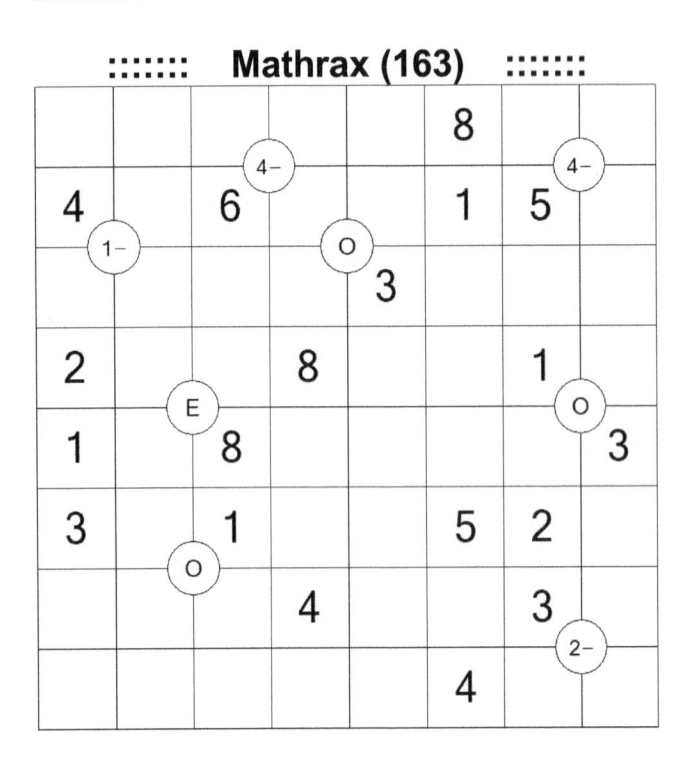

Mathrax (164)

Solution on Page (50)

Puzzle (153)

Puzzle (154)

Puzzle (155)

Puzzle (156)

Variety Logic Puzzles

Hakyuu (165)

Hakyuu (166)

Hakyuu (167)

Hakyuu (168)

Solution on Page (51)

Puzzle (157)
Puzzle (158)
Puzzle (159)
Puzzle (160)

(49)

Variety Logic Puzzles

Hakyuu (169)

Hakyuu (170)

Hakyuu (171)

Hakyuu (172)

Solution on Page (52)

Variety Logic Puzzles

Hakyuu (173)
Hakyuu (174)
Hakyuu (175)
Hakyuu (176)

Solution on Page (53)

(51)

Variety Logic Puzzles

Hakyuu (177)

Hakyuu (178)

Hakyuu (179)

Hakyuu (180)

Solution on Page (54)

Puzzle (169)

Puzzle (170)

Puzzle (171)

Puzzle (172)

Variety Logic Puzzles

Hakyuu (181)

Hakyuu (182)

Hakyuu (183)

Hakyuu (184)

Solution on Page (55)

Puzzle (173)

Puzzle (174)

Puzzle (175)

Puzzle (176)

(53)

Variety Logic Puzzles

Hakyuu (185)
Hakyuu (186)
Hakyuu (187)
Hakyuu (188)

Solution on Page (56)

Puzzle (177)

3	5	1	2	3	1	4	3	1
4	2	5	1	2	3	6	4	2	3
1	3	2	4	1	2	1	5	1	2
2	6	4	2	5	1	3	1	4	1
5	1	3	1	4	6	5	2	3	4
3	4	2	5	1	3	2	1	6	5
4	2	1	3	2	1	4	3	2	1
2	1	5	4	3	2	1	6	5	2
1	3	2	1	6	1	3	2	4	1
3	5	4	2	1	3	6	5	2	4

Puzzle (178)

3	1	5	2	1	4	6	2	1	3
1	2	1	4	5	1	3	1	2	1
5	3	4	1	2	3	1	5	4	2
2	1	6	2	3	5	2	1	3	4
3	4	1	5	1	2	4	3	2	1
1	2	3	1	4	1	3	6	5	2
4	3	1	2	1	6	2	4	1	5
1	6	5	4	2	3	1	2	6	3
3	1	2	1	6	2	5	1	4	1
2	4	1	2	1	5	4	1	3	2

Puzzle (179)

4	1	2	3	1	2	4	1	3	5
3	5	4	1	2	3	1	2	5	1
1	2	3	4	6	1	2	1	4	3
6	3	2	1	5	2	1	4	2	6
2	1	6	3	2	4	5	3	1	2
5	4	1	2	3	1	2	1	3	1
1	2	5	1	4	3	1	2	1	3
4	3	2	5	1	2	3	1	4	2
2	1	4	2	1	2	5	1	3	2
3	2	1	4	3	1	2	1	3	5

Puzzle (180)

5	3	4	1	2	1	3	4	2	1
3	2	1	4	3	2	1	5	3	2
1	5	2	1	4	3	2	1	6	3
2	4	1	3	1	5	1	6	4	1
1	2	3	1	2	1	3	2	5	4
4	3	5	2	1	4	1	3	1	2
5	1	2	1	3	2	6	4	2	3
1	6	4	3	5	1	2	1	3	1
2	1	3	5	1	6	3	2	4	5
1	2	1	4	2	1	5	3	2	4

(54)

Hakyuu (189)

Hakyuu (190)

Hakyuu (191)

Hakyuu (192)

Solution on Page (57)

Puzzle (181)

1	2	1	3	5	1	2	1	6	4
3	4	2	1	3	2	4	6	5	3
2	5	4	2	1	3	1	2	4	1
5	1	3	1	2	1	5	1	3	2
1	2	1	5	4	2	1	3	1	5
4	3	5	2	1	6	3	4	2	1
3	1	2	4	3	1	2	5	1	4
1	2	6	1	2	4	1	2	5	3
2	4	1	2	1	5	4	3	1	2
5	3	2	1	4	3	5	1	2	1

Puzzle (182)

1	2	1	3	1	2	5	1	2	1
2	1	3	1	2	4	1	3	1	2
1	3	4	2	1	6	2	5	3	4
4	2	1	5	3	1	4	1	2	1
3	4	2	6	5	2	3	4	1	2
2	6	3	2	1	5	2	3	4	1
5	2	1	3	2	4	1	2	1	3
1	3	2	1	4	2	5	6	3	2
3	1	6	4	1	3	1	4	3	1
4	2	3	5	2	1	4	3	2	5

Puzzle (183)

1	2	1	4	2	3	1	5	2	6
3	1	2	1	6	5	2	1	4	3
1	5	3	2	1	4	1	3	6	5
2	4	1	5	3	2	6	4	3	2
1	6	2	3	4	1	5	1	2	1
3	2	5	1	2	3	4	2	5	3
1	3	1	4	5	2	1	3	4	1
5	1	3	2	1	4	2	1	3	2
6	4	2	1	3	5	1	2	1	4
3	2	1	5	4	2	3	1	2	1

Puzzle (184)

1	3	1	2	1	3	1	4	2	1
2	1	5	4	3	1	2	1	3	2
1	2	3	6	1	5	3	2	1	4
4	1	2	3	6	2	4	3	2	1
1	3	4	1	5	3	2	1	4	2
3	2	1	5	3	1	6	4	1	5
2	1	3	2	1	4	5	1	3	1
1	5	2	1	4	2	1	3	5	2
4	2	1	3	1	6	4	2	1	3
2	3	4	1	2	5	3	1	2	4

(55)

Variety Logic Puzzles

Hakyuu (193)

Hakyuu (194)

Hakyuu (195)

Hakyuu (196)

Solution on Page (58)

Hakyuu (197)

Hakyuu (198)

Hakyuu (199)

Hakyuu (200)

Solution on Page (59)

Puzzle (189)

2	1	5	2	4	1	3	1	2	1
3	2	4	1	3	2	1	5	4	2
1	3	1	6	2	4	5	2	1	3
4	5	2	3	1	6	4	3	2	1
2	1	3	1	6	5	3	4	1	2
3	2	1	4	2	3	1	2	5	4
1	3	2	1	4	1	2	1	3	1
6	4	1	3	5	2	1	3	1	2
4	2	3	1	2	4	5	2	6	3
3	1	4	2	3	1	6	1	4	5

Puzzle (190)

2	1	3	2	5	4	1	2	3	1
1	2	5	4	1	2	3	1	4	2
3	1	2	5	4	6	1	3	2	4
1	3	4	1	2	3	5	2	1	3
5	6	1	2	3	1	2	4	3	6
1	4	2	3	1	5	6	1	2	1
4	1	3	1	2	4	3	2	1	5
3	2	1	4	5	2	1	3	4	1
1	3	2	1	6	3	4	1	2	3
2	5	1	2	3	1	2	4	3	2

Puzzle (191)

2	1	3	5	2	1	3	1	2	4
5	2	1	3	1	2	6	4	5	1
1	4	5	6	3	1	4	2	1	3
3	6	2	4	5	3	2	1	4	2
2	3	1	2	1	4	5	3	2	1
6	1	3	1	2	1	3	2	1	5
4	2	1	5	3	2	1	4	3	2
3	1	6	2	4	3	2	5	1	6
1	4	3	1	5	1	3	2	4	3
2	5	3	1	2	1	4	2	1	3

Puzzle (192)

3	2	4	1	2	1	3	2	6	1
1	3	1	2	1	3	4	1	5	2
2	1	3	1	5	2	1	4	2	3
5	2	1	3	4	6	5	2	1	4
3	4	6	5	2	1	3	1	4	1
2	3	5	1	6	4	2	3	1	2
6	1	3	4	1	2	1	5	2	1
4	2	1	6	2	1	4	2	1	3
2	6	4	2	1	3	1	4	5	1
3	1	2	1	3	5	2	1	3	2

(57)

Variety Logic Puzzles

Hakyuu (201)

Hakyuu (202)

Hakyuu (203)

Hakyuu (204)

Solution on Page (60)

Puzzle (193)
6	1	4	2	3	1	2	1	4	2
1	3	1	4	2	3	5	2	1	3
4	2	3	5	6	2	1	4	3	1
1	5	2	3	1	4	2	3	1	6
2	6	1	2	4	1	3	1	5	4
3	2	4	1	5	3	1	2	4	1
5	3	1	4	1	6	2	5	3	2
1	4	2	1	3	2	1	6	1	5
4	2	1	6	2	1	3	4	2	1
2	1	3	5	1	4	2	3	1	2

Puzzle (194)
4	1	3	1	2	1	3	2	5	4
3	4	5	2	1	3	4	1	2	1
5	2	1	3	4	2	5	3	1	6
1	5	2	4	3	1	2	1	3	5
6	3	4	1	2	5	1	2	4	3
4	6	3	5	1	2	3	4	1	2
3	1	2	1	6	4	1	5	2	1
1	2	5	3	4	1	2	1	3	4
2	3	1	4	1	3	1	4	6	2
1	4	3	2	5	1	4	2	1	3

Puzzle (195)
4	1	2	1	3	1	4	1	2	3
2	6	4	3	1	2	5	3	4	1
3	5	6	1	2	4	3	1	5	2
1	4	1	2	5	1	2	4	3	1
2	1	3	1	4	5	1	2	1	4
4	2	1	5	2	3	4	1	2	3
1	3	5	4	6	2	1	3	1	2
2	1	4	2	3	1	2	1	3	5
5	2	1	5	2	4	1	2	6	1
3	4	1	6	5	1	3	1	4	2

Puzzle (196)
1	4	3	5	6	1	4	3	1	2
5	2	4	3	2	6	1	5	4	3
6	3	5	2	1	4	3	2	1	5
4	1	2	1	3	5	2	1	3	2
1	2	3	4	1	2	1	3	1	4
2	5	1	3	2	1	4	2	5	1
1	3	4	2	1	3	2	1	4	3
3	1	2	1	3	2	5	6	3	2
4	6	1	5	2	1	3	4	2	5
5	2	3	4	1	6	2	3	1	4

(58)

Variety Logic Puzzles

Hakyuu (205)

Hakyuu (206)

Hakyuu (207)

Hakyuu (208)

Solution on Page (61)

Puzzle (197)

Puzzle (198)

Puzzle (199)

Puzzle (200)

Hakyuu (209)

Hakyuu (210)

Hakyuu (211)

Hakyuu (212)

Solution on Page (62)

Puzzle (201)

2	3	4	2	1	3	2	4	5	2
4	1	2	1	3	1	5	1	3	4
1	2	3	4	1	5	1	2	1	3
3	4	1	5	2	1	3	1	2	1
1	3	2	6	1	3	2	5	1	2
2	1	4	2	5	1	6	4	3	1
4	6	5	3	2	4	1	3	6	5
6	2	3	4	1	2	3	1	2	1
5	4	2	1	3	1	2	6	4	2
1	3	1	5	4	6	1	2	1	3

Puzzle (202)

3	2	1	4	3	2	6	1	4	5
1	3	4	2	1	3	5	2	6	3
4	5	6	1	2	4	3	5	1	2
1	2	1	3	4	1	2	1	3	4
2	1	3	2	6	5	1	4	2	1
3	4	2	1	5	3	4	2	1	3
1	2	1	4	2	1	3	1	4	5
4	1	5	3	1	2	1	6	5	2
1	5	3	2	4	1	2	3	1	4
3	2	4	5	2	3	1	4	2	3

Puzzle (203)

3	2	1	5	1	2	4	1	2	1
2	1	4	1	6	5	1	3	1	2
4	5	1	2	3	1	2	4	3	1
1	2	5	1	2	4	3	2	1	6
2	3	1	4	1	2	1	5	2	3
5	1	3	2	4	1	2	3	1	4
3	2	4	6	1	3	1	2	4	1
1	4	2	1	3	2	5	4	3	2
4	6	3	5	4	2	1	6	3	
2	5	3	4	2	1	3	1	2	5

Puzzle (204)

3	1	2	5	3	2	4	1	3	2
1	2	3	6	4	1	3	5	2	4
2	3	1	2	1	3	2	1	4	3
4	1	5	1	2	4	6	3	1	5
3	6	2	4	3	5	1	2	6	1
2	1	4	3	5	6	2	4	3	2
1	4	3	1	2	1	3	1	2	1
5	3	1	2	4	3	5	2	1	4
1	2	6	5	1	2	1	3	4	2
3	1	2	1	3	4	2	1	3	1

(60)

Variety Logic Puzzles

Straights (213)

Straights (214)

Straights (215)

Straights (216)

Solution on Page (63)

Puzzle (205)
Puzzle (206)
Puzzle (207)
Puzzle (208)

(61)

Variety Logic Puzzles

Straights (217)
Straights (218)
Straights (219)
Straights (220)

Solution on Page (64)

Puzzle (209)
Puzzle (210)
Puzzle (211)
Puzzle (212)

(62)

Variety Logic Puzzles

Straights (221)

7		6	■	■	■	4		
6			4	3		■		9
5	6	3			8	■		
1				■	■	5		4
■		8		2	■			
■	4			6	■	3	2	1
		1	■		6	7	9	
		1		3	5		8	7
■			4		6		7	8

Straights (222)

6	■	8			5		1	
5			4	7		2		1
■			2					8
■	5	1	3			2		
2		4	■			1	5	6
	4	■		9	6		7	■
	1		7				3	■
1			8			7	9	
■	7	■		1	4			

Straights (223)

1		■	4		8	5		■
	4			5		8		7
■			2				8	
4		2	■	8	7		9	■
		4			■			2
6	7	8	9	■	4	2	5	3
			■		2			4
9		7		3			2	■
	6	■		2		1		■

Straights (224)

3			4	8	■		6	■
2		1	3			8		■
	5	■		6	■			1
■			8					4
7		6			8	2		
8		9	■	3	4		5	2
	8		6	■		4		■
■		4		1				6
	9		■	2		1		5

Solution on Page (65)

(63)

Variety Logic Puzzles

Straights (225)

Straights (226)

Straights (227)

Straights (228)

Solution on Page (66)

Variety Logic Puzzles

Straights (229)
Straights (230)
Straights (231)
Straights (232)

Solution on Page (67)

Puzzle (221)
Puzzle (222)
Puzzle (223)
Puzzle (224)

(65)

Variety Logic Puzzles

Straights (233)

Straights (234)

Straights (235)

Straights (236)

Solution on Page (68)

Puzzle (225)
Puzzle (226)
Puzzle (227)
Puzzle (228)

(66)

Variety Logic Puzzles

Straights (237)

Straights (238)

Straights (239)

Straights (240)

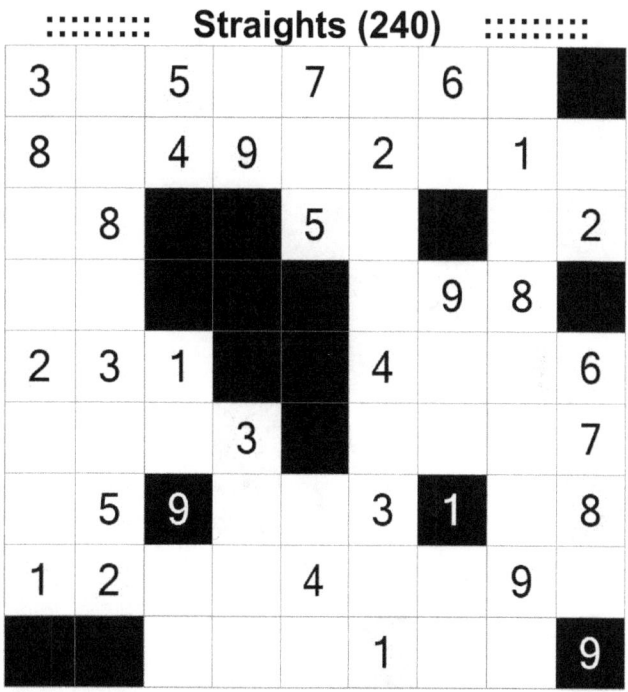

Solution on Page (69)

Straights (241)

4		5		1	■	7		
1	3		4	5		■		9
6		■		4	■	8		7
	1	■	8		5		■	■
	2	■	■	8		6		■
5		■	■		6	■	3	
■	■	8		9	■			3
7			5		3			4
		7		■		3		1

Straights (242)

4	■	■		5	■		1	
	9	8		6		4		3
		6		7				1
3			1	9		8		■
■	4				■		8	■
	7	2	3		1		5	■
	8	■		■				4
8			7		3	4		5
■		5	■	■	2	3	4	7

Straights (243)

3		1		6	■		7	
	1	9	5	7	4		3	
■	■		4	■	8			7
	4		■			7	8	
		2	■	8			6	9
5		8	7	■	9		2	
9				5	■	3		2
	5						9	1
		5	■	3		1		■

Straights (244)

5			7	8			3	■
	9	8			3		5	■
	■		5			3		
6		1	8		2		4	
			■	■	5		7	
4		3		■	■		7	■
	3		2				1	8
1	6	5					9	7
		6	4		1			9

Solution on Page (70)

Variety Logic Puzzles

Straights (245)

Straights (246)

Straights (247)

Straights (248)

Solution on Page (71)

Puzzle (237)

Puzzle (238)

Puzzle (239)

Puzzle (240)

(69)

Fillomino (249)

9		6	6	3		2		
					8	2	4	
9		8	8	1		4		
	3	3		8	8		6	
	9		4		5		5	
9		4	4	7		5	5	8
	5		7		4		8	
9	5	7				8	8	8
5		3	3	4	2		8	8

Fillomino (250)

	4	1		8		8		
4			8				3	
5		4		8		3	5	
	5		7	3		6		5
	6	4		4	3		3	5
6		4	7		4	6		
	7			9			4	
6	5	5	9		9		6	
	5		5			9		

Fillomino (251)

2		4	8				6	
		4				6		
3	4		8	6		4	3	6
3		8		6	6		6	
1	6		6		3	6	6	6
6		2		1		3		7
	6		6		2	2	7	7
9				6			1	
	9					9	7	7

Fillomino (252)

2		2		3	8		8	8
					8	5	8	
7		1	6	6				3
	7	7		6	6		8	
6		7	2	6		5		8
6	6		3		9			
	5	7				3	9	8
			4		9		9	
	5	4		4		9		9

Solution on Page (72)

Fillomino (253)

	1		5	5		5		6
7	7	2		9			6	
7						3	3	
	7		4				7	6
4	4	9	4			2	6	
4	6		9	4			6	6
	6	6		4			1	
6		4			8		8	
	4			1		8		6

Fillomino (254)

	9		2			6	7	7
	9	1		6		2		7
			5					7
	3		5	4	4		7	
	3	5	8		6	4		4
	9					2	5	5
6		6			6		6	
	4	6		8	8	8		5
6	4		4				6	6

Fillomino (255)

4	4		6	6	5		5	
	4	4		6		8		9
				8			9	9
	5	8		8		4		
3	5		1	7	7		9	9
	4		7		4	4	3	
6		2	1		6	4		9
	6		3		6		3	
6						6		

Fillomino (256)

	9	9		7		5	5	
9		4					2	5
1		4		3		7		5
				3	7	7		3
		3	5		8			
	4			5	5	7		8
5				6		7	1	
5		6	4	4			4	4
	6		7		7		4	

Solution on Page (73)

Fillomino (257)

5		5		4	8		7	
	5			1		2		7
	2				8		4	
		4	4			4		
	3	3		4	8	3	4	4
9	3		5		7	3		5
	5	5	3			7	7	
9	5		5	5		7		5
		3		5		5	7	

Fillomino (258)

6		6				7		
	6		3			7	9	9
		3		8		6		
3	3		8					9
		8		3	3	6		9
	2	4	7	4		4	2	9
5		4	7			4	1	
	5	4		7		7		7
5	5		1		3			

Fillomino (259)

6		6		4		6		
	5			4		6		
5	2	2		3		3	6	
5		8		8		2		
	8		6		3			
	6	6		4		2		5
7	7		6		1	2	5	
	7	6		3	3	7		
1		6	6				7	

Fillomino (260)

6	7		7	5				4
	7	7	5				1	4
		7		3			7	9	9
2	6		2		7			9
2				8		3	3	9
	8	8	8	8		5	3	9
3	3		6					9
							9	6
	6		3	5	6		6	

Solution on Page (74)

Puzzle (249)

9	6	6	6	3	3	2	4	6
9	6	6	6	3	8	2	4	6
9	3	8	8	1	8	4	4	6
9	3	3	8	8	8	8	6	6
9	9	4	4	7	5	5	5	6
9	5	4	4	7	7	5	5	8
9	5	7	7	7	4	1	8	8
9	5	7	3	4	4	8	8	8
5	5	5	3	3	4	2	2	8	8

Puzzle (250)

4	4	1	8	8	8	8	2	2
4	4	8	8	8	2	3	3	5
5	5	4	7	8	2	3	5	5
5	5	4	7	3	3	6	3	5
5	6	4	7	4	3	6	3	5
6	6	4	7	4	4	6	3	4
6	7	7	7	9	4	6	4	4
6	5	5	9	9	9	9	6	4
6	5	5	5	9	9	9	9	9

Puzzle (251)

2	2	4	8	6	6	6	6	6
3	4	4	8	8	4	6	3	3
3	4	8	8	6	4	4	3	6
3	8	8	6	6	6	4	6	6
1	6	8	6	3	3	6	6	6
6	6	2	2	1	3	3	1	7
6	6	9	6	6	2	2	7	7
9	6	9	6	6	6	6	1	7
9	9	9	9	9	9	7	7	7

Puzzle (252)

2	3	2	3	3	8	8	8	8
2	3	2	3	8	8	5	8	3
7	3	1	6	6	8	5	3	3
7	7	7	2	6	6	5	8	8
6	6	7	2	6	5	5	8	8
6	6	7	3	6	9	3	8	8
6	5	7	3	3	9	3	9	8
6	5	5	4	1	9	3	9	8
5	5	4	4	4	9	9	9	9

(72)

Fillomino (261)

	5	8		7	7		7	6
5		8	8		4	6		
			6	7		4		
2			7		8	3		
2	8		6		8			3
	9			9		6	8	
9	9	9	2	1		6		6
9		5			8		1	6
9						7	7	

Fillomino (262)

3	1	3						
	3		3	3		4	4	6
	4		4		4	9		
4	7		4			9		
			4		8		9	2
	4	8						3
5				6	6	4		
	4	8	1		6	5		4
5	5			2		5	5	

Fillomino (263)

9		1	2					
		9		5	4	7		
3	3	9	5	3		8		
3			5		8		8	
	6	9	5	3		5		
6		1		8	8			5
5		6	1		3		4	
	5			2	1		5	5
6		6			6		5	

Fillomino (264)

6	6		8			8		8
6	6	7		3	3		2	
6		7	2	6		6		7
6	7	7			6		6	
		7		3				7
1		9	3	4	4	4	6	
		7		1			6	
	3	7	7	7	5	5		
9		9	9				5	5

Solution on Page (75)

Fillomino (265)

5		6	6		5			7
	5		6	5		5		3
5	9	9	9		5		7	
		9	9	3		6		3
4		9	9	9	3		6	
7	4	9		3			1	3
	2		3		8	1		3
	2		8	8		6	6	6
		7		8	1		6	

Fillomino (266)

6		6		3		8		2
3				6	8		8	
	5	3	3	3		8		
3		5		5	8	8	6	
5		3			8	3		
		4	3	1		5		
6		4	4			9		5
	5	1		9		3		
6		6	6		3			5

Fillomino (267)

6		6		8		8	9	
	6		6		3			9
	4	5			3		9	
4		5	3	3		9		7
	1		1		6	7		7
7		5	4	6			7	
7	7	7			5	6		
	1	7	4	5			5	
	6				3			

Fillomino (268)

7		7	8		5			5
	7	7			7		5	5
3			1		7	7		7
4	3	6					2	
	4			8		5	5	2
3			9	8		4		2
		9			7	7	4	
5	5		9		7			
	5	9		9		9		3

Solution on Page (76)

Puzzle (257)

5	5	5	4	4	8	7	7	7
5	5	4	4	1	8	2	7	7
2	2	8	8	8	8	2	4	7
9	9	9	4	4	8	3	4	7
9	3	3	4	4	8	3	4	4
9	3	5	5	3	7	3	5	5
9	5	5	3	7	7	7	7	5
9	5	3	5	5	1	7	7	5
9	9	3	3	5	5	5	7	5

Puzzle (258)

6	6	6	7	7	7	7	7	9
6	3	3	7	7	9	9	9	9
3	6	3	8	8	6	6	6	9
3	3	8	8	3	6	6	9	9
8	8	8	7	3	3	6	2	9
8	2	4	7	4	4	4	2	9
5	2	4	7	7	4	1	7	7
5	5	4	7	7	3	7	7	7
5	5	4	1	7	3	3	7	7

Puzzle (259)

6	6	6	6	6	4	4	6	6
5	5	5	8	6	4	4	6	6
5	2	2	8	3	3	3	6	6
5	8	8	8	8	2	2	5	
7	8	6	6	4	3	3	3	5
7	6	6	6	4	4	2	5	5
7	7	7	6	4	1	2	5	7
7	7	6	3	3	3	7	7	7
1	6	6	6	6	6	7	7	7

Puzzle (260)

6	7	7	5	5	5	5	4	4
6	7	7	5	5	7	1	4	4
6	6	7	3	3	7	7	9	9
2	6	7	2	3	7	7	7	9
2	6	8	2	8	7	3	3	9
8	8	8	8	5	3	9	9	9
3	3	6	6	8	5	1	9	9
3	6	6	5	5	5	6	9	6
6	6	3	5	6	6	6	6	6

(74)

Fillomino (269)

		9		9	7		7	7
	9		9		8	3		7
7		4		8			7	7
7	7	7			1		2	2
	7		7	8		8		4
3	4	4	2		8		4	4
	4		7			6	6	
		7			4			4
	5		4			4		

Fillomino (270)

		5	6		6			
		6			5	2		
2	2		5	5			7	7
1	8		7	5			7	4
8	8					7		
	5			4			7	7
	5	5			9			4
1		3	4	9				4
	7		4			9	4	

Fillomino (271)

			3	6		6		9
7	5		3		6	3	2	
		8	8		6			
5			8	3		9	9	
5		7		3	3	1		
	5	8	8	8		2	1	
2		4		4	4	4	6	
	4		6	6		3		
1					3		6	

Fillomino (272)

	9		6		7			6
9	2	2		6			7	6
	6				7		3	6
	2		4	4		8		6
9		1		4	8			
	8			8		7	5	5
9		5				7		5
	6	5		7			6	
		6	3		3			

Solution on Page (77)

(75)

Fillomino (273)

	2	6			6	
6		9			3	3
	6		4	3		
3		6	4		9		5	3

	2	6			6	
6		9			3	3
	6		4	3		
3		6	4		9	
8				1	9	5
6		8	8		8		5
	6	4		3		7		5
	4		4		7	6		6
	6			7	7		6	

Fillomino (274)

	6		2			6	
	9	6	6	2	7		6
9	1		6			6	6
		8			8	8		4
1	9		4	4	8	8	
		3	5	4		6		6
	6	5			7		6	6
6	5	5		3	3	7	6	
	6		7			7		3

Fillomino (275)

	3	4	4		8		6	6
6		4		8		3	6	
			8		2	2		6
6		3		6	6		1	
		8	1	6	6		5
6				3		6	5	
	3	9	9			7		
	3		3	3		7	3	1
4		9		3	7		7	

Fillomino (276)

	8		8			8	5
1			7		5		5
7		3	7			2	6
6	6	3		7	6		6
7		3	7		1	5	6
	5	5				5	
7		5	6	2		5		3
5						9	9
		5				9		3

Solution on Page (78)

Fillomino (277)

	4	3		3	4		6
4		8	4	4	5	5	4
1				5		4	
		8			8		
9	4		8	5	3		
	3	3					6
9	4		4		6	2	4
9		4	2	3	3	6	4
			2			6	

Fillomino (278)

	6		9			3	
6	6	6		9		3	5
4		6	3		9	5	
4			6				5
	3		3			7	1
7		6	6		7		3
	7		5		7	3	
4	7		5	5	2	8	2
	4	7	8		8	8	

Fillomino (279)

				6		6	
	5		5		6		8
5	1		9		6		8
		9	3	3			3
1	9		9			8	1
	5	5		4		4	5
5	3			7		5	5
3		7		6	7	3	3
			4		6	6	3

Fillomino (280)

2		6		6			3
	4		6	4		5	6
	9		9	6		5	5
4		9		6	4	5	6
9		9			3		6
2		9	1	3		4	4	6
	3		3	8	8	8		4
1	7			4		8	8
7			4	4	8	8	8

Solution on Page (79)

Fillomino (281)

		4	7		5			5
	4				1		8	8
2			6	8		8		
			6		3		3	8
	3		6	6	2		9	
	8	1		6		4		9
8		7	7	7	4		4	9
		5	5			6	9	
		7		5	6			

Fillomino (282)

		4		1				6
9		9		4		7		
	5			7		3		5
9		9		7	7		4	
	9		4		7	3	4	
4		2		4		1		
5			3		8	6	4	5
		5	8		6			
5	8		8	6				4

Fillomino (283)

3			8	8				
	8		7		8	8	3	
2	1		3	7	6		6	
	6	6			7	7	3	3
		6	9	7				3
7	7		9	1	4	4		
	9	9			9			5
7		6		4			4	5
		6				3		

Fillomino (284)

5		5		6		1	7	
4	4		6		7	7		2
	7	5		6			4	
4	7		3			7		4
7		8	8		5		4	
	8		4	8		9		
	4	4		5			9	1
		4					4	
2	6	6		3	3	3		4

Solution on Page (80)

Puzzle (273)

6	2	2	6	6	6	6	6
6	6	9	9	9	9	3	3
3	6	6	4	3	9	9	2	2
3	3	6	4	3	9	9	5	3
8	8	4	4	3	1	9	5	3
6	8	8	8	8	8	5	3
6	6	4	3	3	7	7	5	5
6	4	4	4	3	7	6	6	6
6	6	7	7	7	7	6	6	6

Puzzle (274)

9	9	6	6	2	7	7	6	6
9	9	6	6	2	7	7	6
9	1	6	6	7	7	6	6	6
9	9	8	8	8	8	4	4
1	9	9	4	4	8	8	4	4
3	3	3	5	4	8	6	6	6
6	6	5	5	4	7	7	6	6
6	5	5	3	3	3	7	6
6	6	6	7	7	7	7	3	3

Puzzle (275)

3	3	4	4	8	8	3	6	6
6	3	4	4	8	3	3	6	6
6	6	3	8	8	2	2	6	6
6	3	3	8	6	6	6	1	5
6	9	9	8	1	6	6	5	5
6	3	9	8	8	3	6	5	5
4	3	9	9	9	3	7	3	3
4	3	9	3	3	7	7	3	1
4	4	9	9	3	7	7	7	7

Puzzle (276)

8	8	8	8	8	8	5	5
8	1	6	6	7	7	5	5	5
7	7	6	3	7	7	2	2	6
7	6	6	3	7	7	6	6	6
7	7	6	3	7	9	1	5	6
5	5	5	5	2	9	5	5	6
7	5	5	6	2	9	5	5	3
5	6	6	6	6	9	9	9	3
5	5	5	5	6	9	9	9	3

(78)

Variety Logic Puzzles

Fillomino (285)

4		4	8			8		8
6	6		9		3		8	7
6		6		8				7
	6			8	8		6	7
			9		5	5	6	
	2	6	1			6		
6		6	6		3	6		4
6	7		8	8		3		4
7		7	7		7		4	

Fillomino (286)

	6			6		5	5
1		7		4		4	5
		4		8	4		4	4
			4	8		2	4	
	8		4		8			
4		8		3	1	2		4
8	8	4	3		2	4	3
8		4		9			4	
9	9					2		3

Fillomino (287)

	6		6	4		3	
		6	7		4	6	6	6
5		4	7	5			6	6
		4		1	5			8
3	5		7	7	7	5		8
		5	4		7			
5	5		4	4		9	9	8
		5		4	9			
	2		9		9	9		5

Fillomino (288)

	3					7	6	
	5	5		5	7		6
9		6		6	1		6	6
	6		6		7	7		8
9		4		6		2	8	
		1		3			8	8
3				3		8		7
4	3		2		4		7	7
						7	7	7

Solution on Page (81)

Fillomino (289)

	3		8	7		7		7
8	8	8		3			7	7
	8		5		5	6		3
7		7		6		6		
	1		4		6	3	1	2
		5					9	
	5		5	3		2		9
7	8	8	3		8	9	9	
	8	8		8				

Fillomino (290)

		2		6	6		3	
			1		6	4		1
7		7		3			4	7
			3		4	4		7
		6				5	3	7
8		3	3	4	5		3	
	2	4					9	9
8	2			9			3	3	3
8			8	9	9		4	4

Fillomino (291)

	9	1	6		4	4		
9		6		6			5	
	9		4	6		7	7	
				4	7			7
4		7		4	8			2
4		9		3	3		5	
	2	2		3			5	5
3	4		7		8	8		
		4	7	3			8	

Fillomino (292)

5		3		7	2		7	
	5	3	1		2		7	
5				7		3	7	
	6		1	5	5			7
6		7			5	5	8	
	7		9			2		4
		7	9		8		8	4
7		9		5		6	6	
	5		5				6	6

Solution on Page (82)

Fillomino (293)

6			2			7		
6	4			7		3	6	
	6	4	5		3		6	6
6		5		9			6	
6	3	8	5		9			6
7		8	1		8	5	5	
	7			8		7	5	2
	7		5		8	7		2
	5			1		7		

Fillomino (294)

4		3	9		8			6
	4		9	4			8	6
	4			4	4		8	
9	9		1	8		8		3
6		9		2			7	
		3			1	7		7
	5	4	5	4			4	7
5						4		
	5		5		6	6		

Fillomino (295)

	6		4	9	9		9	4
	6					1		
6	6		1	9			4	4
	8	8	8		8		6	
5		3		2				5
6	5		3		4		1	
6		2			6	6		5
	7					6	6	
6	6					7		6

Fillomino (296)

5		6		4		2		
5			4		4	1		7
	6	3		8	8			
	7		8	8		5	5	7
	7	3	8	8	9	5		5
2							9	
2		6	6	5		9		9
	1	6		5	5		6	9
4		4	6			6		

Solution on Page (83)

(81)

Sudoku (297)

		8		4	5			
9			2	3	1	8	6	4
4	3			7		2	1	
8	6	7	5			9		1
5	4	1	9					2
	9		1		7	4		8
7	8	3		1	6	5		9
1	2			5	8	7	4	6
		5	4	7	9		1	

Sudoku (298)

5			3	8			7	2
	4	7		5			6	
2	3	1	9			5		
3	7		5	1	2	4	9	6
1	2	4	6	9				7
9	6		7	4	8			1
7	5			3			8	
6	8			2	5		1	
4	1		8		9	6	3	5

Sudoku (299)

	9	6	7		5	8		
	4	2		1		7	6	
		3		2	6	5	4	
6	5		8	7		9	3	4
	8	9			4			5
7	2	4			9	1		6
		2			6	9	7	
	3	5	6	8		4	1	2
	6	7		9	1	3	5	8

Sudoku (300)

6	4	7	1				3	5
2	5							8
			5	7		2	6	
	1	4	3		5		9	
9		3	7	4	8	1	5	2
7		5	9	1		4		
	8		2	6	7	5		9
4	9		8	5	1	3	7	
5		6		9	3	8		1

Solution on Page (84)

Variety Logic Puzzles

Sudoku (301)

	9	2		4	1		6	
8	1	4		6	9	5		2
			8		2	9	1	4
	6	1		2	8	4		3
4	8		9	3		1	2	
		9	1	7			8	
9		8	2		7		5	
1	5		4	8				9
	3	7	6	9	5	8		1

Sudoku (302)

7	1	5		3	8		4	
			4	1			7	
6	4	8	7	9	2		1	
1		4		6	3	2		
3	2					4	5	1
		7		4	1	6	3	8
5		1	3	8	4	7		9
	9	3	1		7			4
4	7	2	9		6	1		

Sudoku (303)

8		7	4	9	6		2	
	3		8	5		4		6
9			2	3		7		5
5	2		1			6	3	8
7	4	8	6	2	3			
			9			2	4	
4		3	7	1		5		
6	7	2	5	4		9	1	
1		5		6	2	8	7	4

Sudoku (304)

5	9			7		6	2	8
	3	6	8	2	4	9	1	5
8			5			3	4	
				8	2	1	5	3
	5	9	1	4	7	2		6
2				5	3			
1	6	2				5	9	4
9			4		5		6	2
4	7	5	2		6		3	1

Solution on Page (85)

Sudoku (305)

		5	2			3	8	
3		7				9	2	
2		9	6		3	1		7
	1	4	7		8			3
	2		9				7	8
8		6	3		5	2	1	9
	9	1	8	6		5	3	4
	3	2	5	7	9	8	6	
6	5	8		3	1		9	

Sudoku (306)

		7	6	8		2	5	4
	5		2	7	3			
2		8	5		9	6	7	1
8	5	3		9	2			6
4	2	1	3		5	7	8	
9	7	6			8	5		2
		9		7	6	1	4	3
			8	1		9		
6			5			8	2	7

Sudoku (307)

2		8	4	5	9	7		
	7		8	6	3	5	9	2
6	5		1	7	2			
3	4	1				2		
8	2	7	5	4		9	3	1
	6		2	3	1			
	9	2	6		5		8	7
5		3	9		7	1		4
7			3	8				9

Sudoku (308)

	8	5	4	7		3	9	1
2	1		9					4
4	3		5	8	1		7	
			6	4		1	2	8
1		6	8		5	4	3	
8	4	2				6	5	9
		1					4	2
3		4		9		8	6	5
9		8	2	6		7	1	3

Solution on Page (86)

(84)

Sudoku (309)

9	6		7		5	1	4	
	8	7	4				9	5
1	5	4		2		8		
		5	2	4	8	7		3
	2	1	6	3	9	4		8
4	3	8		7	1			
5			8					3
3	4	2	1		7	5	8	9
		9		5	2		1	4

Sudoku (310)

7			5	3	4	6		
	6	3	8	2	1	9		4
1			6		7	5	3	2
6	8	1				4	9	3
	7				3		5	6
3		5	4		6	8	2	7
8		6	2	7	9	3		
	3	2		4			7	5
	1	7		6				9

Sudoku (311)

1		3	2	7	6		4	
2	5			8	9	1		3
		6	3		5	8		
7			1	8	3			
6		9	7	5		1	2	
5	1		6			3	7	4
	6		9	3	7	2	8	
8	9		4	1	2		3	5
	2	1	5	6	8			7

Sudoku (312)

	7	6	8		4	1	3	2
2	4				1	8	5	6
8	1	5		3	2		7	
		8		3	1		2	
		2	4	9	7	6		8
6	9		2		5	7		3
5	6	8					9	
1			7	2	8		6	4
4	2	7	5					1

Solution on Page (87)

Puzzle (301)

5	9	2	3	4	1	7	6	8
8	1	4	7	6	9	5	3	2
6	7	3	8	5	2	9	1	4
7	6	1	5	2	8	4	9	3
4	8	5	9	3	6	1	2	7
3	2	9	1	7	4	6	8	5
9	4	8	2	1	7	3	5	6
1	5	6	4	8	3	2	7	9
2	3	7	6	9	5	8	4	1

Puzzle (302)

7	1	5	6	3	8	9	4	2
2	3	9	4	1	5	8	7	6
6	4	8	7	9	2	3	1	5
1	8	4	5	6	3	2	9	7
3	2	6	8	7	9	4	5	1
9	5	7	2	4	1	6	3	8
5	6	1	3	8	4	7	2	9
8	9	3	1	2	7	5	6	4
4	7	2	9	5	6	1	8	3

Puzzle (303)

8	5	7	4	9	6	3	2	1
2	3	1	8	5	7	4	9	6
9	6	4	2	3	1	7	8	5
5	2	9	1	7	4	6	3	8
7	4	8	6	2	3	1	5	9
3	1	6	9	8	5	2	4	7
4	8	3	7	1	9	5	6	2
6	7	5	4	8	9	1	3	
1	9	5	3	6	2	8	7	4

Puzzle (304)

5	9	4	3	7	1	6	2	8
7	3	6	8	2	4	9	1	5
8	2	1	5	6	9	3	4	7
6	4	7	9	8	2	1	5	3
3	5	9	1	4	7	2	8	6
2	1	8	6	5	3	4	7	9
1	6	2	7	3	8	5	9	4
9	8	3	4	1	5	7	6	2
4	7	5	2	9	6	8	3	1

Sudoku (313)

	4	1		9	5	3	2	
	5					7	1	8
3		8	7	1	6	9		4
8	3	9	2	7	1		6	5
2	1	5		6		8	3	7
4			5	8	3		9	2
		2				8	3	
1		3	6	2	8			
6	8	4	3					1

Sudoku (314)

3				7	6	9		4
	7		8	2	3	6		
6		5		9	1	7	3	
8	2		9	4				
7	5		6	8	2	4		
	6	9	1			8	2	7
1	4	8	3	5	9	2		
2	9				8			5
		7	2	6	4	1	9	8

Sudoku (315)

		6	3	9	4		1	
	9		2			6		7
1	8			7	9	3	4	
6	7		5	1			2	
	2	5	8	4			6	
3			7	2	6	5	8	9
			1	7	2	8		6
	6	7	4	3	5	1	9	2
	1	4		6		3		5

Sudoku (316)

5		7	9	3	1		4	2
			7	5		9		
		6	4	8	5	1		7
7	6			8			5	1
4	3	8		1	6	7	2	9
9	5			7	3	4	6	
6		9	1	2		8		5
8					5	2		
3	2		8	6			9	4

Solution on Page (88)

Puzzle (305)

1	4	5	2	9	7	3	8	6
3	6	7	1	8	4	9	2	5
2	8	9	6	5	3	1	4	7
9	1	4	7	2	8	6	5	3
5	2	3	9	1	6	4	7	8
8	7	6	3	4	5	2	1	9
7	9	1	8	6	2	5	3	4
4	3	2	5	7	9	8	6	1
6	5	8	4	3	1	7	9	2

Puzzle (306)

3	9	7	6	8	1	2	5	4
1	6	5	4	2	7	3	9	8
2	4	8	5	3	9	6	7	1
8	5	3	7	9	2	4	1	6
4	2	1	3	6	5	7	8	9
9	7	6	1	4	8	5	3	2
5	8	9	2	7	6	1	4	3
7	3	2	8	1	4	9	6	5
6	1	4	9	5	3	8	2	7

Puzzle (307)

2	3	8	4	5	9	7	1	6
1	7	4	8	6	3	5	9	2
6	5	9	1	7	2	8	4	3
3	4	1	7	9	8	6	2	5
8	2	7	5	4	6	9	3	1
9	6	5	2	3	1	4	7	8
4	9	2	6	1	5	3	8	7
5	8	3	9	2	7	1	6	4
7	1	6	3	8	4	2	5	9

Puzzle (308)

6	8	5	4	7	2	3	9	1
2	1	7	9	3	6	5	8	4
4	3	9	5	8	1	2	7	6
5	7	3	6	4	9	1	2	8
1	9	6	8	2	5	4	3	7
8	4	2	7	1	3	6	5	9
7	6	1	3	5	8	9	4	2
3	2	4	1	9	7	8	6	5
9	5	8	2	6	4	7	1	3

Sudoku (317)

4	2		3	5		6		
	6	1	2		8		3	4
3		7	1	6			9	2
6	9	5		1	2		7	
7	1		8			4		9
8	4	3	9	7	6	1	2	
9	3		6		1	2	5	
	5		7	4	9		1	6
			5		3			

Sudoku (318)

9		3		6			4	
	6	2		1	4			
7	1	4			3			
5	3	7	6		9	1	2	4
1	2	9		5	7		6	8
	8		1	3	2	9	5	
	4	8	9	7	6		1	
3		1			5		7	6
6	7		3			1	8	2

Sudoku (319)

8	2		5		6		7	
			7		1			3
	5		2	3	9		4	6
6		2			8	7	9	5
5		4	3			1		
1	8	7	6	9	5	4	3	
2	1	8	9	7	3	5		4
9			8	5			2	
	4	5	1		2	9	8	

Sudoku (320)

		3			7		4	1
4		7	3	2			9	
5	1	8		6	9	2		
7		1			8	3	5	9
8			2	9	5	7	1	
6	5	9	7	1		8	2	
			9		2		6	7
	7	2			6		8	5
1		6	5		4	9	3	2

Solution on Page (89)

Puzzle (309)

9	6	3	7	8	5	1	4	2
2	8	7	4	1	6	3	9	5
1	5	4	9	2	3	8	6	7
6	9	5	2	4	8	7	3	1
7	2	1	6	3	9	4	5	8
4	3	8	5	7	1	9	2	6
5	1	6	8	9	4	2	7	3
3	4	2	1	6	7	5	8	9
8	7	9	3	5	2	6	1	4

Puzzle (310)

7	2	9	5	3	4	6	1	8
5	6	3	8	2	1	9	7	4
1	4	8	6	9	7	5	3	2
6	8	1	7	5	2	4	9	3
2	7	4	9	8	3	1	5	6
3	9	5	4	1	6	8	2	7
8	5	6	2	7	9	3	4	1
9	3	2	1	4	8	7	6	5
4	1	7	3	6	5	2	8	9

Puzzle (311)

1	8	3	2	7	6	5	4	9
2	5	4	8	9	1	7	6	3
9	7	6	3	4	5	8	1	2
7	4	2	1	8	3	9	5	6
6	3	9	7	5	4	1	2	8
5	1	8	6	2	9	3	7	4
4	6	5	9	3	7	2	8	1
8	9	7	4	1	2	6	3	5
3	2	1	5	6	8	4	9	7

Puzzle (312)

9	7	6	8	5	4	1	3	2
2	4	3	9	7	1	8	5	6
8	1	5	6	3	2	4	7	9
7	8	4	3	1	6	9	2	5
3	5	2	4	9	7	6	1	8
6	9	1	2	8	5	7	4	3
5	6	8	1	4	3	2	9	7
1	3	9	7	2	8	5	6	4
4	2	7	5	6	9	3	8	1

Sudoku (321)

	2	1	7		3			8
	7	5		8		1		3
9		8	1		2		6	
	4		8	3			9	5
	1	6		7				2
5		3			4	8	7	1
7	5	9		1	8	2		6
3	8		5	2		7		9
1		2	3	9		5	8	4

Sudoku (322)

	9		8	2	1		4	6
7	1				6	2	9	
8	2		4	7	9	5		1
1	3			9		6	4	2
			1	6	7			3
	6	8	2	4			1	9
4	8	1		3		9		5
6	7		9		5		2	
9	5	2			4		8	

Sudoku (323)

3	4		2			6		9
7	1			6	5		8	2
6	2			3	4	1		
1		3		7	6	5		4
2	5	7	1	4	9	8		
4		6	5	3	2	7	9	1
5		2	6	1	7	9		8
	7							
8				5	4		3	7

Sudoku (324)

6	2		3	5			1	
5	8			2	9	6	3	7
1			6	8				2
3		1	7	6	5	2	8	
	7	6	8			3	9	5
	5			9	3	1		6
8	6	3	5			1	4	
7	4	2	9				5	
		5			8	7	6	3

Solution on Page (90)

Puzzle (313)

7	4	1	8	9	5	3	2	6
9	5	6	4	3	2	7	1	8
3	2	8	7	1	6	9	5	4
8	3	9	2	7	1	4	6	5
2	1	5	9	6	4	8	3	7
4	6	7	5	8	3	1	9	2
5	9	2	1	4	7	6	8	3
1	7	3	6	2	8	5	4	9
6	8	4	3	5	9	2	7	1

Puzzle (314)

3	1	2	5	7	6	9	8	4
9	7	4	8	2	3	6	5	1
6	8	5	4	9	1	7	3	2
8	2	1	9	4	7	5	6	3
7	5	3	6	8	2	4	1	9
4	6	9	1	3	5	8	2	7
1	4	8	3	5	9	2	7	6
2	9	6	7	1	8	3	4	5
5	3	7	2	6	4	1	9	8

Puzzle (315)

7	5	6	3	9	4	2	1	8
4	9	3	2	8	1	6	5	7
1	8	2	6	5	7	9	3	4
6	7	8	5	1	9	4	2	3
9	2	5	8	4	3	7	6	1
3	4	1	7	2	6	5	8	9
5	3	9	1	7	2	8	4	6
8	6	7	4	3	5	1	9	2
2	1	4	9	6	8	3	7	5

Puzzle (316)

5	8	7	9	3	1	6	4	2
1	4	6	7	5	2	9	8	3
2	9	3	6	4	8	5	1	7
7	6	2	4	8	9	3	5	1
4	3	8	5	1	6	7	2	9
9	5	1	2	7	3	4	6	8
6	7	9	1	2	4	8	3	5
8	1	4	3	9	5	2	7	6
3	2	5	8	6	7	1	9	4

Sudoku (325)

9	1		8	4	2		7	
7		8	3	6	5	4		1
5	3	4		7	1	8	2	6
	6	2	7			1	8	9
	9	1			6			
4	5		1	8			3	2
			6	1	7	9		8
	7		4	9				
6	8	9	5	2	3	7		

Sudoku (326)

5	3	9	1	6		7		
	7	6	4	3	5		9	8
4	8	1	7	2		5		
	5	7	3		6	4		
1	6		9		2			7
3			5			6	8	
6		3	2		4	8		5
7	1	5	8	9	3	2	4	
8	4			6	5			

Sudoku (327)

	3			5	8	7	1	
1	4		6		7	9		2
2			9		3			
8		4	5	3	2		9	
5		3	4	6		2	8	
6	2	9		7	8		4	
3	5	8	7	9	1		2	
7	6	1	8	2	4	3	5	
	9			5		7		8

Sudoku (328)

8		9		6		3	4	
	7		5	8	3		2	
6	5	3	4		2	7	8	
2	1	5	3	4	6		9	7
9	4		8		7			
3	8	7	2		9		1	6
7	6	8		2	5	9		4
1		4	9		8		6	
	9		6					

Solution on Page (91)

Puzzle (317)

4	2	9	3	5	7	6	8	1
5	6	1	2	9	8	7	3	4
3	8	7	1	6	4	5	9	2
6	9	5	4	1	2	8	7	3
7	1	2	8	3	5	4	6	9
8	4	3	9	7	6	1	2	5
9	3	4	6	8	1	2	5	7
2	5	8	7	4	9	3	1	6
1	7	6	5	2	3	9	4	8

Puzzle (318)

9	5	3	7	6	8	2	4	1
8	6	2	5	1	4	7	3	9
7	1	4	2	9	3	6	8	5
5	3	7	6	8	9	1	2	4
1	2	9	4	5	7	3	6	8
4	8	6	1	3	2	9	5	7
2	4	8	9	7	6	5	1	3
3	9	1	8	2	5	4	7	6
6	7	5	3	4	1	8	9	2

Puzzle (319)

8	2	3	5	4	6	1	7	9
4	6	9	7	8	1	2	5	3
7	5	1	2	3	9	8	4	6
6	3	2	4	1	8	7	9	5
5	9	4	3	2	7	6	1	8
1	8	7	6	9	5	4	3	2
2	1	8	9	7	3	5	6	4
9	7	6	8	5	4	3	2	1
3	4	5	1	6	2	9	8	7

Puzzle (320)

2	9	3	8	5	7	6	4	1
4	6	7	3	2	1	5	9	8
5	1	8	4	6	9	2	7	3
7	2	1	6	4	8	3	5	9
8	3	4	2	9	5	7	1	6
6	5	9	7	1	3	8	2	4
3	4	5	9	8	2	1	6	7
9	7	2	1	3	6	4	8	5
1	8	6	5	7	4	9	3	2

Sudoku (329)

5	3	2	1			4	8	
7	8	6	3	9				1
4		9	2			3	6	
9			8					2
6	4	7		2		8	5	3
8			7	4	5		1	6
2	7	5		8		1		
1	6	4	5	7	3			
3	9			1	2	6		5

Sudoku (330)

	5		8	2		7		4
6			7	1		8	5	9
3		8	9		5			6
5	8		7		4	3	6	2
4								1
1		2		3	8	9	4	7
		5		6	3	1	7	8
8	1	6	2	5		4		
7	4		1	8	9			5

Sudoku (331)

	4	8			6		2	1
5	6	9	7			4	3	8
7		2	4	3		5		
		7	2			6		3
1		6		4	5	8	7	9
4	8		6		9	1	5	
2		5		6		9	8	
6	9	4		2		3		5
	7	1	5			2	6	

Sudoku (332)

9	2	7		8	1	3		
4	6	7	3				8	9
		8		9				7
1	4		9	6	3	7		8
9	2	6	8		4		1	
	8		5	1	2	6	9	
6			4	3	9		7	2
	9		1		5	4		
2	3	4	6	8		9		1

Solution on Page (92)

(90)

Sudoku (333)

2	4	5	6	7	8	1	9	3
1	7	3	2		5			
	9		4	1	3	7		5
9					1			4
6	2		9		4	8		
4	5		8	3			1	
		9	1			3	7	
3	6		5		7		4	1
7	1		3	2		5	6	8

Sudoku (334)

	5		3	2	1		7	9
	1	7	9	5	8	3	6	
	9	3			4		5	1
5			8	9	3	7	1	6
		9	1		2	5	3	8
		5		6	2	9		
	2	5	4	3			8	7
		4		8		1	2	
6	7	8	2			9		

Sudoku (335)

8	2		4		6	5		3
3		7		5				2
		6	2	3	1			
9	6		7	4	2		3	5
	7	5	9	6	3	8	2	4
4		2	5	1	8	6	9	7
2	9		6		7			1
	8	3		2		7		9
		1	3					6

Sudoku (336)

	1	5	4	9	2	7		8
4	9	2		7				
3				6	1	9		4
1	5	4	3		6	2	7	
8	2	6	9				3	
9	3		2	1				6
7	6			2			5	3
5	4		7	3	9	8		2
2		3	6				9	7

Solution on Page (93)

Puzzle (325)

9	1	6	8	4	2	3	7	5
7	2	8	3	6	5	4	9	1
5	3	4	9	7	1	8	2	6
3	6	2	7	5	4	1	8	9
8	9	1	2	3	6	5	4	7
4	5	7	1	8	9	6	3	2
2	4	3	6	1	7	9	5	8
1	7	5	4	9	8	2	6	3
6	8	9	5	2	3	7	1	4

Puzzle (326)

5	3	9	1	6	8	7	2	4
2	7	6	4	3	5	1	9	8
4	8	1	7	2	9	5	6	3
9	5	7	3	8	6	4	1	2
1	6	8	9	4	2	3	5	7
3	2	4	5	7	1	6	8	9
6	9	3	2	1	4	8	7	5
7	1	5	8	9	3	2	4	6
8	4	2	6	5	7	9	3	1

Puzzle (327)

9	3	6	2	4	5	8	7	1
1	4	5	6	8	7	9	3	2
2	8	7	9	1	3	4	6	5
8	7	4	5	3	2	1	9	6
5	1	3	4	6	9	2	8	7
6	2	9	1	7	8	5	4	3
3	5	8	7	9	1	6	2	4
7	6	1	8	2	4	3	5	9
4	9	2	3	5	6	7	1	8

Puzzle (328)

8	2	9	7	6	1	3	4	5
4	7	1	5	8	3	6	2	9
6	5	3	4	9	2	7	8	1
2	1	5	3	4	6	8	9	7
9	4	6	8	1	7	2	5	3
3	8	7	2	5	9	4	1	6
7	6	8	1	2	5	9	3	4
1	3	4	9	7	8	5	6	2
5	9	2	6	3	4	1	7	8

(91)

Sutoreto (337) Sutoreto (338)

Sutoreto (339) Sutoreto (340)

Solution on Page (94)

Variety Logic Puzzles

Sutoreto (341)

Sutoreto (342)

Sutoreto (343)

Sutoreto (344)

Solution on Page (95)

Puzzle (333)

2	4	5	6	7	8	1	9	3
1	7	3	2	9	5	4	8	6
8	9	6	4	1	3	7	2	5
9	3	8	7	6	1	2	5	4
6	2	1	9	5	4	8	3	7
4	5	7	8	3	2	6	1	9
5	8	9	1	4	6	3	7	2
3	6	2	5	8	7	9	4	1
7	1	4	3	2	9	5	6	8

Puzzle (334)

8	5	6	3	2	1	4	7	9
4	1	7	9	5	8	3	6	2
2	9	3	7	6	4	8	5	1
5	4	2	8	9	3	7	1	6
7	6	9	1	4	2	5	3	8
3	8	1	5	7	6	2	9	4
1	2	5	4	3	9	6	8	7
9	3	4	6	8	7	1	2	5
6	7	8	2	1	5	9	4	3

Puzzle (335)

8	2	9	4	7	6	5	1	3
3	1	7	8	9	5	4	6	2
5	4	6	2	3	1	9	7	8
9	6	8	7	4	2	1	3	5
1	7	5	9	6	3	8	2	4
4	3	2	5	1	8	6	9	7
2	9	4	6	5	7	3	8	1
6	8	3	1	2	4	7	5	9
7	5	1	3	8	9	2	4	6

Puzzle (336)

6	1	5	4	9	2	7	3	8
4	9	2	8	7	3	6	1	5
3	7	8	5	6	1	9	2	4
1	5	4	3	8	6	2	7	9
8	2	6	9	5	7	3	4	1
9	3	7	2	1	4	5	8	6
7	6	9	1	2	8	4	5	3
5	4	1	7	3	9	8	6	2
2	8	3	6	4	5	1	9	7

Variety Logic Puzzles

Sutoreto (345)
Sutoreto (346)
Sutoreto (347)
Sutoreto (348)

Solution on Page (96)

Variety Logic Puzzles

Sutoreto (349)

Sutoreto (350)

Sutoreto (351)

Sutoreto (352)

Solution on Page (97)

Variety Logic Puzzles

Sutoreto (353)

Sutoreto (354)

Sutoreto (355)

Sutoreto (356)

Solution on Page (98)

Variety Logic Puzzles

Sutoreto (357)

Sutoreto (358)

Sutoreto (359)

Sutoreto (360)

Solution on Page (99)

Puzzle (349)

Puzzle (350)

Puzzle (351)

Puzzle (352)

(97)

Sutoreto (361)

Sutoreto (362)

Sutoreto (363)

Sutoreto (364)

Solution on Page (100)

Sutoreto (365)

Sutoreto (366)

Sutoreto (367)

Sutoreto (368)

Solution on Page (101)

Sutoreto (369)

Sutoreto (370)

Sutoreto (371)

Sutoreto (372)

Variety Logic Puzzles

Sutoreto (373)

Sutoreto (374)

Sutoreto (375)

Sutoreto (376)

Solution on Page (103)

Puzzle (365)

Puzzle (366)

Puzzle (367)

Puzzle (368)

Variety Logic Puzzles

Sutoreto (377)

Sutoreto (378)

Sutoreto (379)

Sutoreto (380)

Solution on Page (104)

Puzzle (369)
Puzzle (370)
Puzzle (371)
Puzzle (372)

Variety Logic Puzzles

Sutoreto (381)
Sutoreto (382)
Sutoreto (383)
Sutoreto (384)

Solution on Page (105)

(103)

Variety Logic Puzzles

Skyscrapers (385)

	3	4	3	5	2	2	2	3	1	
5	1	4	7					3		1
3				3	9				4	3
1		2	8	6			5			3
3		8	6	1	4			2		2
2						2	8		1	4
3	7			2				9		2
4			2		6	9	7			2
3	2		9	8			4			5
2			4	9		1				3
	2	2	2	1	4	3	5	2	4	

Skyscrapers (386)

	5	4	2	3	3	3	2	1	4	
4				4		5				2
5	3		6					7	4	3
3		8			3		4			2
2	8			1		3		4		3
3			3	5	2			8	6	1
3	2				4	8			3	4
3			2	3			5			2
1	9	4			8	6		3		4
3						7			1	3
	2	4	2	3	1	2	4	2	4	

Skyscrapers (387)

	4	1	3	2	3	2	3	4	2	
2		9	5			8	7			5
4				9		1		4		4
3		3		5		2		7		1
3				3		9	1		8	2
1		2	1			3				3
3			2		9	5		1		3
2	8	5					4		1	2
2	4			6	8			3		4
3			3		5					2
	4	2	2	3	3	3	1	3	4	

Skyscrapers (388)

	1	3	4	2	4	2	3	4	2	
1				7						4
5	1	2		4				6		4
2		9	7		6	2				3
3		8		9			5		4	4
5				8			7			3
4	2		3		5	6	1		9	1
2		6			2		4	5	7	2
3	5		8	2		4				3
2	7				1					2
	3	5	3	3	2	5	3	1	2	

Solution on Page (106)

Skyscrapers (389)

	2	3	1	3	2	4	5	4	2	
3			9	5	8					3
1			4						6	4
3	4	3		2			6	7		4
4	5			6		4		9	2	2
2		5	2		4	6			9	1
4			6			2				3
3	2	8		7		1		6		3
4		7			2		5	1	3	3
2		9								2
	3	1	3	4	3	2	3	4	2	

Skyscrapers (390)

	2	2	3	1	5	2	2	3	3	
3				9						4
1	9	4		5	1	2		6	8	2
2	8		1							3
4				8		1		4		3
3	2		9			5	6		3	4
4				6	8					4
7	1	2		3			4	8	9	1
3	6	3			5				7	2
3	7						2			2
	3	3	2	6	1	3	4	2	3	

Skyscrapers (391)

	1	2	3	3	2	2	3	4	4	
1	9				7				6	4
3	4	1	8			9		6		3
2		4		3		1			7	3
2		9	4	1			6	7		2
2					1					4
3		7		2		8		5	4	4
3	7				8			9	5	2
4		2		8			4		9	1
3				5				2		4
	5	3	1	3	4	3	2	2	2	

Skyscrapers (392)

	1	2	4	3	2	3	3	3	3	
1		4		7	6			1		6
3			2	4		1				2
4		4		7	8			9	1	2
3	7				4					1
2		7	6	9	1		4			4
2								5	8	3
2	2		1		5	8			4	4
5		2			4		9			3
3	5		7			9				3
	3	3	2	3	6	1	2	5	3	

Solution on Page (107)

(105)

Skyscrapers (393)

	4	2	6	1	2	3	2	2	4	
3		7			3		4			3
5		5		7			4		6	2
2	6		4		2	1			8	2
2	8		7			2		6	3	3
4				2		7			9	1
2			9		8		3			4
5		4		8		5		2		2
1			5		7		6			3
3				6				4	2	
	2	2	4	3	4	1	3	3	3	

Skyscrapers (394)

	1	2	2	3	5	6	4	2	2	
1			6				1	7		2
2		9			3		6		7	3
2	8			2			7	5		4
3			3		8				4	5
3	5			7			4	3		3
3			7			4		9		2
4	4				1			8		3
3		3	8				2	9	4	3
4			6				1		2	1
	4	3	3	4	4	3	2	4	1	

Skyscrapers (395)

	4	3	4	4	2	2	2	2	1	
4		1			7				9	1
3		8		6		2		5		3
2	7		6		9				5	3
4	1	4		2		5		9		2
2			3				6		2	3
3			9			8	5	6		4
2		2			8		1	4		5
2		9						3		4
1				4		1			8	2
	1	2	3	3	4	5	4	2	2	

Skyscrapers (396)

	4	2	1	3	2	3	2	3	4	
3	4			6		2				4
2				3			7	2		3
4	2	7	3		9	4		5	6	2
4	1						9			2
3			8		3		6		5	3
3	5				9					6
1		2		5	1			8	7	4
2	8	6		4			1			2
5					6	8			9	1
	3	4	3	4	3	2	3	2	1	

Solution on Page (108)

Puzzle (385)

```
  3 4 3 5 2 2 2 3 1
5 1 4 7 5 2 8 6 3 9 1
3 6 7 1 3 9 5 2 8 4 3
1 9 2 8 6 1 3 5 4 7 3
3 5 8 6 1 4 7 9 2 3 2
2 4 9 5 7 3 2 8 6 1 4
3 7 5 3 2 8 4 1 9 6 2
4 3 1 2 4 6 9 7 5 8 2
3 2 3 9 8 7 6 4 1 5 5
2 8 6 4 9 5 1 3 7 2 3
  2 2 1 4 3 5 2 4
```

Puzzle (386)

```
  5 4 2 3 3 3 2 1 4
4 1 3 8 4 7 5 6 9 2 2
5 3 5 6 8 1 2 9 7 4 3
3 6 8 5 9 3 1 4 2 7 2
2 8 9 7 1 5 3 2 4 6 3
3 7 1 3 5 2 4 8 6 9 1
3 2 6 9 7 4 8 1 5 3 4
3 4 2 6 9 5 1 8 2
1 9 4 1 3 8 7 3 5 4 2
3 5 2 4 6 9 7 8 1 3
  2 4 2 3 1 2 4 4
```

Puzzle (387)

```
  4 1 3 2 3 2 3 4 2
2 3 9 5 1 2 8 7 6 4 5
4 5 6 8 9 7 1 3 4 2 4
3 6 3 4 5 1 2 8 7 9 1
3 2 7 6 3 4 9 1 5 8 2
1 9 2 1 4 6 3 5 8 7 3
3 7 4 2 8 9 5 6 1 3
2 8 5 7 2 3 6 4 9 1 2
2 4 1 9 6 8 7 2 3 5 4
4 8 3 7 1 5 4 9 2 6
  4 2 2 3 3 1 3 4
```

Puzzle (388)

```
  1 3 4 2 4 2 3 4 2
1 9 1 2 7 4 8 6 3 5 4
5 1 2 5 4 7 9 8 6 3 4
2 4 9 7 5 6 2 3 8 1 3
3 6 8 1 9 3 7 5 2 4 4
5 3 4 6 1 8 5 9 7 2 3
4 2 7 3 8 5 6 1 4 9 1
2 8 6 9 3 2 1 4 5 7 2
3 5 3 8 2 9 4 7 1 6 3
2 7 5 4 6 1 3 2 9 8 2
  3 5 3 3 2 5 3 1 2
```

(106)

Skyscrapers (397)

	3	3	2	1	5	4	3	3	2	
3	3	7		9		4	6			2
3	1	8			6			2	9	1
2	8		1		7	2				2
3			2	5			9			2
2					1				4	4
1	9	6	7	8	4	1		5		4
2					5		8			4
3			4			6	1			3
3		6	2							3
	2	3	2	4	2	1	3	3	3	

Skyscrapers (398)

	2	2	1	2	3	4	3	4	4	
3			8	7	1	5		4		5
2	1						2		3	4
1		5		7	4			3		4
4	2	3				5				3
3		8					7		2	4
3			3	2				9	7	2
3		2			3	7			9	1
2		1	5				6	4		2
2		7		6	9					2
	2	3	4	2	1	5	4	4	3	

Skyscrapers (399)

	3	1	2	5	3	3	3	2	3	
2			8		2		3	5	1	5
7	1			5		4				2
4		4		7		8		2	5	4
4			6			2		8		3
2	4				5			1		4
2				1	4					3
3		6		4	2	1	5		3	1
3		2	6			3		4		2
1					6					4
	1	4	2	2	2	3	4	4	3	

Skyscrapers (400)

	2	4	2	3	3	4	1	2	2	
3		3		4		2			8	2
4			4	8			1	9		2
3				3		2				4
1	9	1					5		7	3
3	5			1	2	7		6		1
2			1			4				4
2			5		1		8			3
2	2			5		1			3	5
3		4	2		8				6	4
	5	2	3	1	2	2	4	3	2	

Solution on Page (109)

Puzzle (389)

	2	3	1	3	2	4	5	4	2
3	3	6	9	5	8	2	1	4	7
1	9	2	4	8	1	7	3	5	6
3	4	3	5	2	9	8	6	7	1
4	5	1	7	6	3	4	8	9	2
2	8	5	2	1	4	6	7	3	9
4	1	4	6	9	7	3	2	8	5
3	2	8	3	7	5	1	9	6	4
4	6	7	8	4	2	9	5	1	3
2	7	9	1	3	6	5	4	2	8
	3	1	3	4	3	2	3	4	2

Puzzle (390)

	2	2	3	1	5	2	2	3	3
3	4	5	3	9	2	6	8	7	1
1	9	4	7	5	1	2	3	6	8
2	8	9	1	7	4	3	5	2	6
4	5	7	6	8	3	1	9	4	2
2	8	9	4	7	5	6	1	3	4
4	3	1	2	6	8	9	7	5	4
3	7	1	2	5	3	6	7	4	8
3	6	3	4	2	6	5	8	1	9
2	7	6	8	1	9	4	2	5	3
	3	3	2	6	1	3	4	2	3

Puzzle (391)

	1	2	3	3	2	2	3	4	4
1	9	8	5	4	7	2	1	3	6
3	4	1	8	7	2	9	5	6	3
2	6	4	2	3	5	1	9	8	7
2	2	9	4	1	3	5	6	7	8
2	8	5	3	9	1	6	7	4	2
3	1	6	2	9	8	7	4	5	2
3	7	3	1	6	8	4	2	9	5
4	5	2	6	5	4	7	8	2	1
5	3	1	4	3	2	2	2	2	

Puzzle (392)

	1	2	4	3	2	3	3	3	3
1	9	8	4	5	7	6	3	1	2
3	3	6	2	4	9	1	7	5	8
4	6	4	5	7	8	3	2	9	1
3	7	5	8	6	2	4	1	3	9
2	8	7	6	9	1	5	4	2	3
2	4	3	9	1	6	2	5	8	7
2	2	9	1	3	5	8	6	7	4
5	1	2	3	8	4	7	9	6	5
3	5	1	7	2	3	9	8	4	6
	3	3	2	3	6	1	2	5	3

(107)

Skyscrapers (401)

	3	4	2	1	4	2	3	2	4	
4				9						5
2		4	2		7	1		9		2
4	3		4				2		7	2
3				5	6	3				3
2	7	1	9		3					4
3		8	3				5	7		1
2			2				5	1		5
2		3	5	1				8		2
1				7			1	3	6	4
	1	3	2	3	2	3	6	4	3	

Skyscrapers (402)

	2	3	5	3	3	1	3	5	2	
3	6									2
1	9			4	8		2	1		3
4	1	6	7					2		3
2			8			1	6			4
4		1		8	6			5		3
4		4	6			3				3
4				5	8				3	2
2	8		3		1			6	9	1
3			9	1	4				6	3
	3	2	1	4	4	4	3	2	2	

Skyscrapers (403)

	4	3	3	1	3	4	2	2	3	
4		3		9				7		4
3	7	6		5				9	2	2
2	2				3	7	6			2
2	8	2		3				4		2
3	5	4	1			3				2
3			2	6			5		1	4
2								8	3	3
6	3		4				2			1
1	9	7		2		6		5		5
	1	3	3	5	2	3	3	3	2	

Skyscrapers (404)

	3	2	3	4	2	1	4	3	3	
3	7			8		4		5		2
2	4	9			5			6		3
3				8	1				2	2
3	1	7		2		6		5		4
2	5		9							3
2		4		5			3	2	1	1
2			1			5				2
3		8	5	4				7		3
1		5			4		3			5
	1	3	3	2	3	2	2	4	4	

Solution on Page (110)

Skyscrapers (405)

	2	2	3	4	1	3	3	3	3	
2					9		4	2		3
2		2				6			7	3
2		4	9				1		8	3
3			4		1		5	6		1
4		4		6		5			7	3
3			7		9	2		1		2
5		1	5							2
1		9		7		6		2		5	4
2				1	4				5		4
	2	4	3	3	4	1	2	2	4	

Skyscrapers (406)

	2	3	4	2	4	4	3	3	1	
2			2	6						1
1					4	7		3		4
3			8	1					5	2
2	6	9			7				4	4
4			7	9	5	2			8	2
3		7					2	8	6	3
4	2	5					9			3
2		1		8	6	3		2		3
3				7	1				2	3
	5	2	2	3	4	1	2	4	4	

Skyscrapers (407)

	2	4	4	3	2	2	4	3	1	
2		4			3					1
4	2			4			6			3
1			3			8			7	3
3		2		8	9	3	7	5		4
4		7			4					3
2	5					1	3		4	4
2		1	5		6					2
6	4		1	6	7		8			2
3	3		9	1			4			3
	4	2	1	3	4	3	3	2	3	

Skyscrapers (408)

	3	3	1	2	3	5	2	3	2	
3			9		3	1			6	4
3	7			1				3		1
2			5		6	7				3
1					2		5			4
3	6			5		2	9		1	3
3	4	3			1			6	8	2
3			8	6		4		9		2
2							9		2	3
3		6	1	4			8			3
	3	4	4	3	1	2	2	2	3	

Solution on Page (111)

(109)

Skyscrapers (409)

	3	3	2	3	4	3	2	3	1	
3		3		1			7			1
3	1		9						4	4
3		7		9		8		3		4
1	9				7		4	1		4
2	7		4			2				2
5		4	1				5	9	3	2
2	8			5	3					5
2			3		9			8		3
4			1	2			9		7	4
	4	3	4	5	2	1	2	3	4	

Skyscrapers (410)

	2	4	3	3	4	1	2	2	4	
2		6				9				3
4			6	8	1			4		3
3	4		9		2		3			4
3	1	8	7			4		3		3
3				6		2				1
3		1	8		4		5		7	2
3	3			1	9	7	6			2
2		9						2		3
1			1		5			8		3
	1	2	4	4	3	2	3	2	4	

Skyscrapers (411)

	3	2	1	2	3	4	5	3	3	
3		8			3		1			4
4		4			5		6			4
4	5		3		1				6	2
3			6	1			8	2		3
3			1			4			3	3
2	8						7	4		1
2	3			5	6	8	2		7	3
1		6			8			7		4
4				2			6		8	2
	2	3	3	7	3	1	3	4	2	

Skyscrapers (412)

	2	1	4	3	2	3	4	7	3	
2			2			4	3	1		3
1	9		6			2				2
3		3		8						1
3				2	9	5		4		3
3	4	8			5		9			3
2			3				9	2		3
4	1								5	4
3		6					5	8	3	3
3		5	8	4		3		9	1	2
	3	4	2	2	4	4	2	1	5	

Solution on Page (112)

Skyscrapers (413)

	1	2	3	2	3	5	4	2	2	
1	9				7			4		5
2	5	9		3				1		4
5	4				2	3	8			1
3		8		6	4			9		2
6			3		6			7	5	3
2	7					6				2
2	8			1	9		7			3
4		7	8		1	5				4
4					5			8	7	3
	4	4	3	2	2	1	3	2	3	

Skyscrapers (414)

	5	2	2	1	3	2	2	2	3	
3				9				5		4
3	2	4					3			2
5		6	7		8			1		2
2			6			5			8	4	3
2		9		2				4	7		3
1	9				7	6	5			2	7
2		5						2	7		3
3			3		2		7	6	9		1
3	6		5			4					4
	3	3	3	3	1	2	2	5	2	

Skyscrapers (415)

	3	2	1	3	3	3	2	3	4	
2		2			5		8			4
2		9		3		7				4
4	4		1		6			8		3
2	8	7		6		4				2
5		4	6		1					1
1	9	1		4	7		6		5	4
3	7			2				1		2
4	3	6				4				2
3		8			4	5				4
	4	2	4	1	2	4	2	3	3	

Skyscrapers (416)

	3	4	3	2	3	2	1	4	3	
3	6		4				1	9		3
2		3				9		4		2
3			9		4				7	2
1	9		3			2		1		3
3			2		6	8	3		1	4
2		4		2			3		8	3
2			5				8			4
4		6		7	1			9		2
2	8		7				6	2		1
	2	3	3	3	2	4	4	2	1	

Solution on Page (113)

(111)

Skyscrapers (417)

	3	1	3	2	3	3	3	2	2	
2					1	5				3
2			3		7		6		9	1
3		7				8		3		4
3	5	1		3			9			2
1	9	8				3		7		4
4			8	9		7	3		5	3
2		3	1			4			8	2
5	3		6		5		8	2		4
3					3					5
	4	5	1	2	5	2	3	2	3	

Skyscrapers (418)

	4	5	2	2	3	6	1	2	2	
3				6				4	8	2
2		6		1			5	2		4
5			2	6		4	8			2
2	8				4				3	3
4		7				5	3	8		1
1			3		5	7			1	5
2	2			3					6	4
4	6			8	2	9		3		2
4				4		9				4
	3	3	4	3	1	2	4	3	4	

Skyscrapers (419)

	3	2	3	3	3	1	3	3	2	
4			4	5			1			2
2	8				2			1		3
3		1	2			3	9			3
3	6				1				5	3
3		5				8				4
4	2	7	1	4	8		5	9		2
3				1	5		2		9	1
5		3		8		6				4
1			8		3		4			5
	1	6	2	3	2	3	4	2	3	

Skyscrapers (420)

	1	4	3	3	6	3	3	2	2	
1		2		6				1		3
5			7					4		1
2	7				6	8				4
5	3			8	1	9		7	4	3
3		7			2	4				2
3			8		3	2		5		2
2	8			5		6			2	2
2		9			8		7	1		4
3			4	2					1	5
	4	2	3	5	1	2	3	2	5	

Solution on Page (114)

Creek (421)

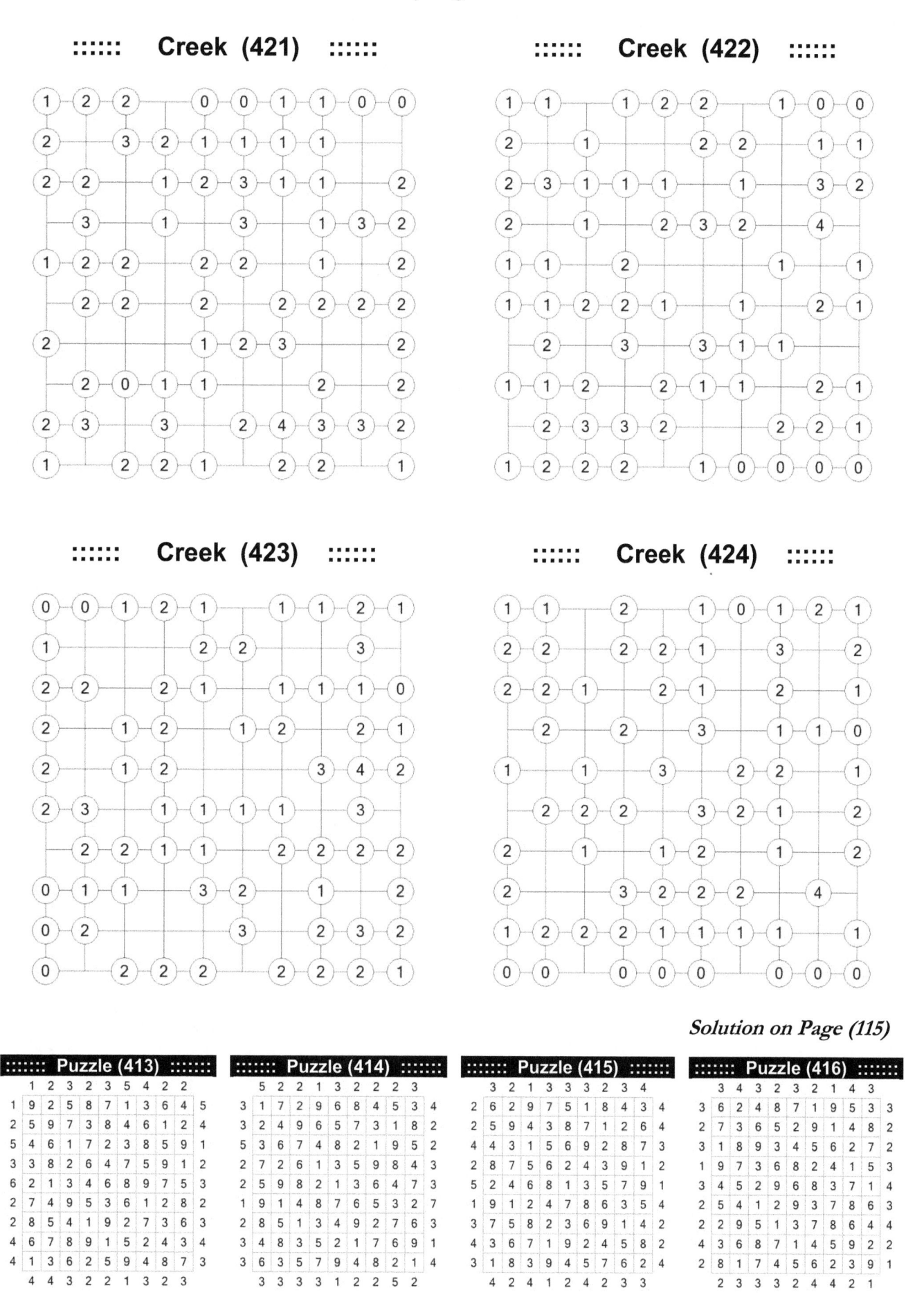

Creek (422)

Creek (423)

Creek (424)

Solution on Page (115)

Puzzle (413)

	1	2	3	2	3	5	4	2	2	
1	9	2	5	8	7	1	3	6	4	5
2	5	9	7	3	8	4	6	1	2	4
5	4	6	1	7	2	3	8	5	9	1
3	3	8	2	6	4	7	5	9	1	2
6	2	1	3	4	6	8	9	7	5	3
2	7	4	9	5	3	6	1	2	8	2
2	8	5	4	1	9	2	7	3	6	3
4	6	7	8	9	1	5	2	4	3	4
4	1	3	6	2	5	9	4	8	7	3
	4	4	3	2	2	1	3	2	3	

Puzzle (414)

	5	2	2	1	3	2	2	2	3	
3	1	7	2	9	6	8	4	5	3	4
3	2	4	9	6	5	7	3	1	8	2
5	3	6	7	4	8	2	1	9	5	2
2	7	2	6	1	3	5	9	8	4	3
2	5	9	8	2	1	3	6	4	7	3
1	9	1	4	8	7	6	5	3	2	1
2	8	5	1	3	4	9	2	7	6	3
3	4	8	3	5	2	1	7	6	9	1
3	6	3	5	7	9	4	8	2	1	4
	3	3	3	3	1	2	2	5	2	

Puzzle (415)

	3	2	1	3	3	3	2	3	4	
2	6	2	9	7	5	1	8	4	3	4
2	5	9	4	3	8	7	1	2	6	4
4	4	3	1	5	6	9	2	8	7	3
2	8	7	5	6	2	4	3	9	1	2
5	2	4	6	8	1	3	5	7	9	1
1	9	1	2	4	7	8	6	3	5	4
3	7	5	8	2	3	6	9	1	4	2
4	3	6	7	1	9	2	4	5	8	2
3	1	8	3	9	4	5	7	6	2	4
	4	2	4	1	2	4	2	3	3	

Puzzle (416)

	3	4	3	2	3	2	1	4	3	
3	6	2	4	8	7	1	9	5	3	3
2	7	3	6	5	2	9	1	4	8	2
3	1	8	9	3	4	5	6	2	7	2
1	9	7	3	6	8	2	4	1	5	3
3	4	5	2	9	6	8	3	7	1	4
2	5	4	1	2	9	3	7	8	6	3
2	2	9	5	1	3	7	8	6	4	4
4	3	6	8	7	1	4	5	9	2	2
2	8	1	7	4	5	6	2	3	9	1
	2	3	3	3	2	4	4	2	1	

(113)

Creek (425)

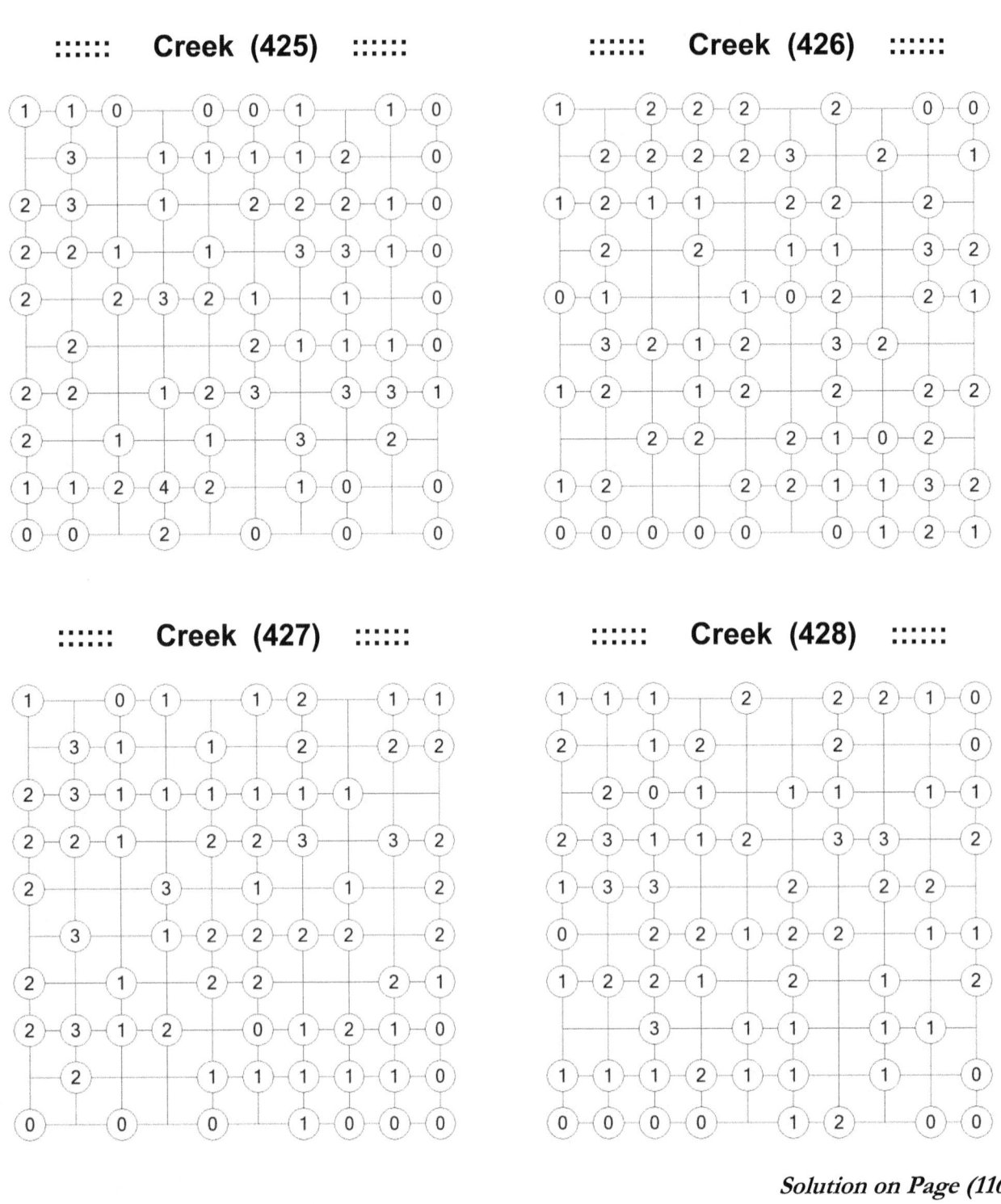

Creek (426)

Creek (427)

Creek (428)

Solution on Page (116)

Puzzle (417)

3	1	3	2	3	3	3	2	2
2	2	9	7	6	1	5	4	8	3	3
2	8	5	3	2	7	1	6	4	9	1
3	6	7	5	4	9	8	1	3	2	4
3	5	1	4	3	8	2	9	6	7	2
1	9	8	2	1	4	3	5	7	6	4
4	4	6	8	9	2	7	3	1	5	3
2	7	3	1	5	6	4	2	9	8	2
5	3	4	6	7	5	9	8	2	1	4
3	1	2	9	8	3	6	7	5	4	5
	4	5	1	2	5	2	3	2	3	

Puzzle (418)

	4	5	2	2	3	6	1	2	2	
3	5	3	1	7	6	2	9	4	8	2
2	7	6	9	1	8	3	5	2	4	4
5	1	5	2	6	3	4	8	9	7	2
2	8	2	5	9	4	6	7	1	3	3
4	4	7	6	2	1	5	3	8	9	1
1	9	8	3	4	5	7	2	6	1	5
2	2	9	8	3	7	1	4	5	6	4
4	6	4	7	8	2	9	1	3	5	2
4	3	1	4	5	9	8	6	7	2	4
	3	3	4	3	1	2	4	3	4	

Puzzle (419)

	3	2	3	3	3	1	3	3	2	
4	3	6	4	5	7	9	1	2	8	2
2	8	9	5	3	2	4	7	1	6	3
3	5	1	2	6	4	3	9	8	7	3
3	6	8	9	2	1	7	3	4	5	3
3	4	5	3	9	6	1	8	7	2	4
4	2	7	1	4	8	6	5	9	3	2
3	7	4	6	1	5	8	2	3	9	1
5	1	3	7	8	9	2	6	5	4	4
1	9	2	8	7	3	5	4	6	1	5
	1	6	2	3	2	3	4	2	3	

Puzzle (420)

	1	4	3	3	6	3	3	2	2	
1	9	2	3	6	4	5	1	8	7	3
5	2	6	7	3	5	1	8	4	9	1
2	7	4	9	1	6	8	5	2	3	4
5	3	5	6	8	1	9	2	7	4	3
3	1	7	5	9	2	4	3	6	8	2
3	4	1	8	7	3	2	9	5	6	2
2	8	3	1	5	7	6	4	9	2	2
2	6	9	2	4	8	3	7	1	5	4
3	5	8	4	2	9	7	6	3	1	5
	4	2	3	5	1	2	3	2	5	

(114)

Variety Logic Puzzles

Creek (429)

Creek (430)

Creek (431)

Creek (432)

Solution on Page (117)

Puzzle (421)
Puzzle (422)
Puzzle (423)
Puzzle (424)

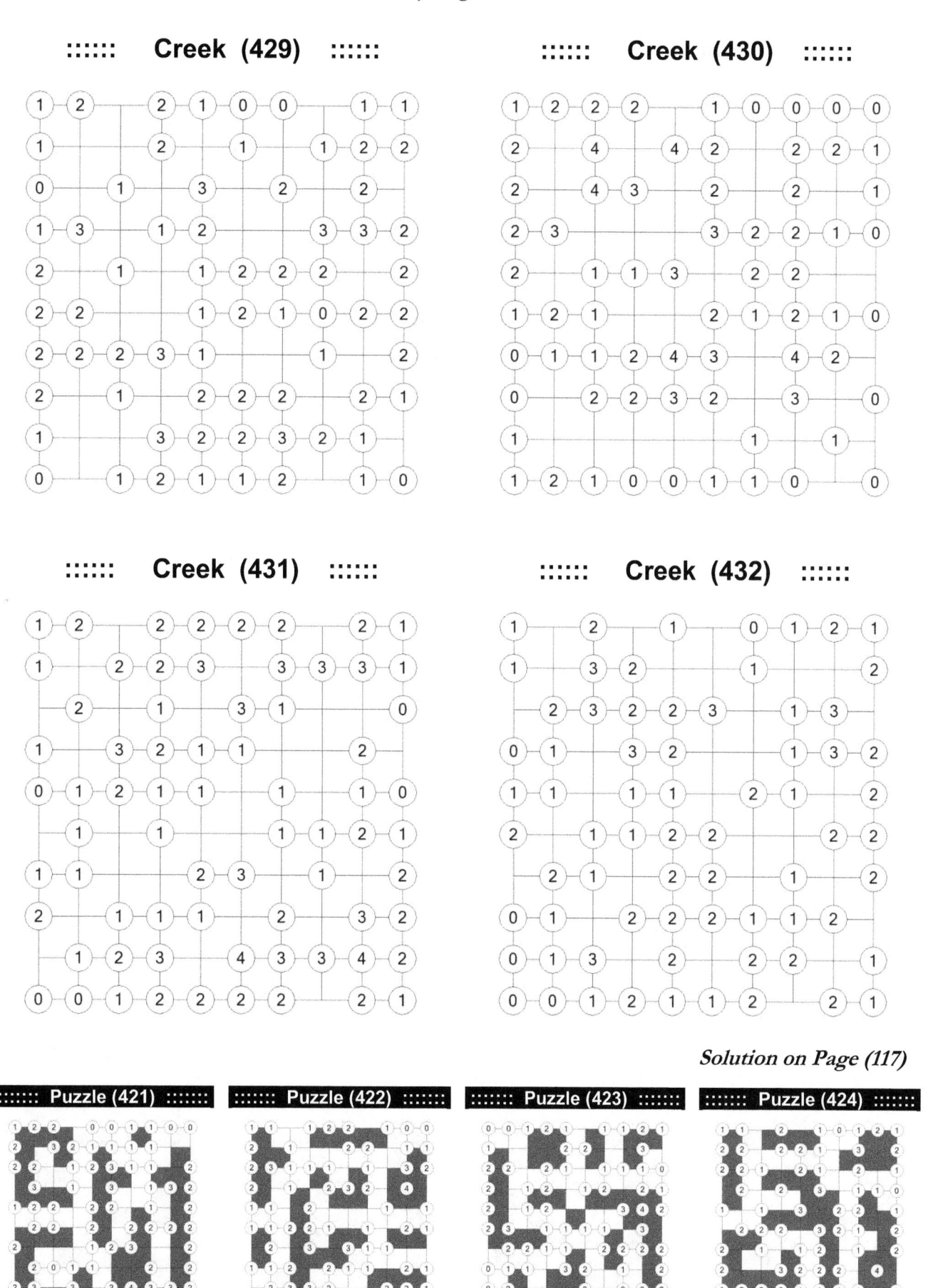

(115)

Creek (433)

Creek (434)

Creek (435)

Creek (436)

Solution on Page (118)

Puzzle (425)

Puzzle (426)

Puzzle (427)

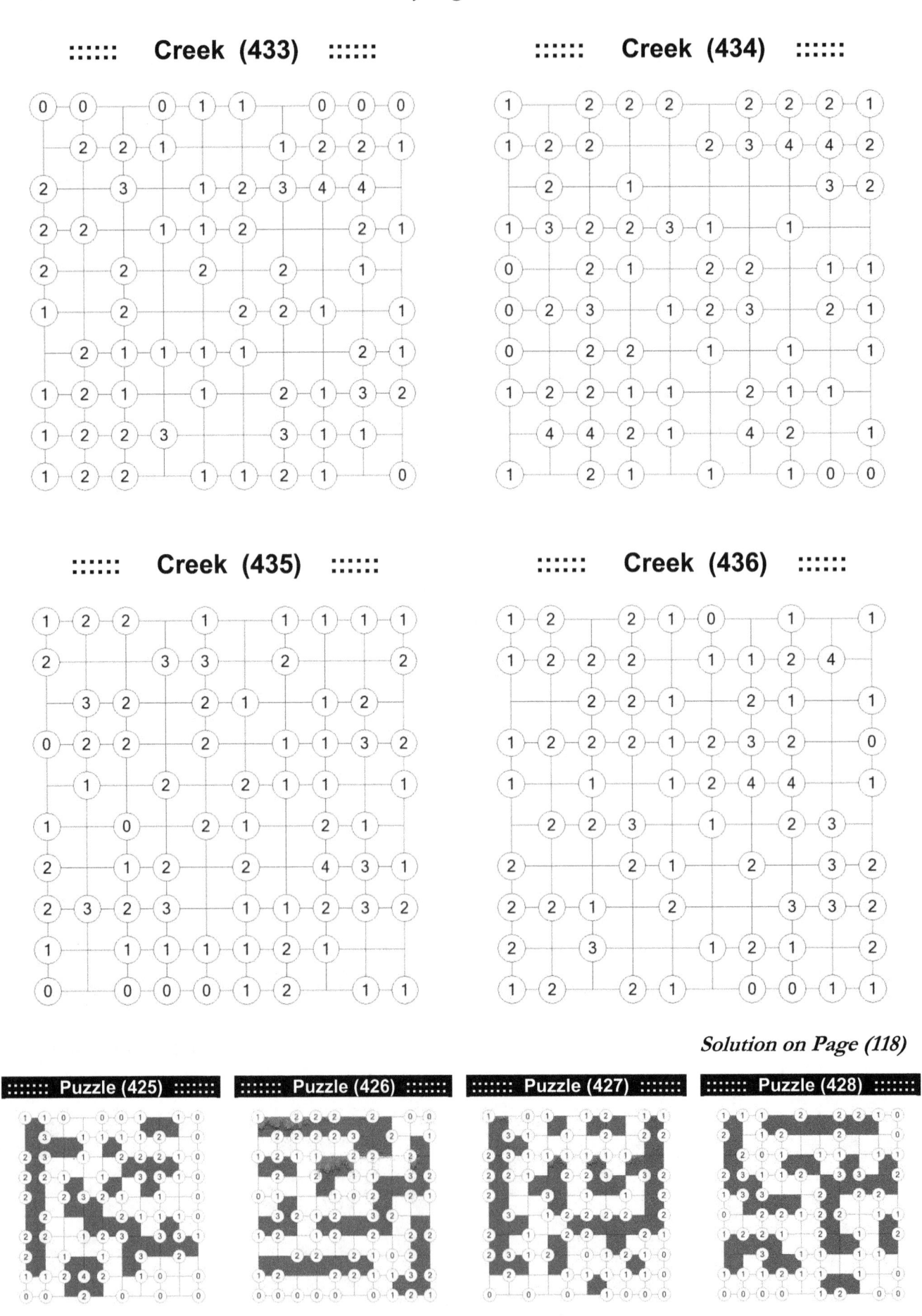

Puzzle (428)

Creek (437)

Creek (438)

Creek (439)

Creek (440)

Solution on Page (119)

Puzzle (429)

Puzzle (430)

Puzzle (431)

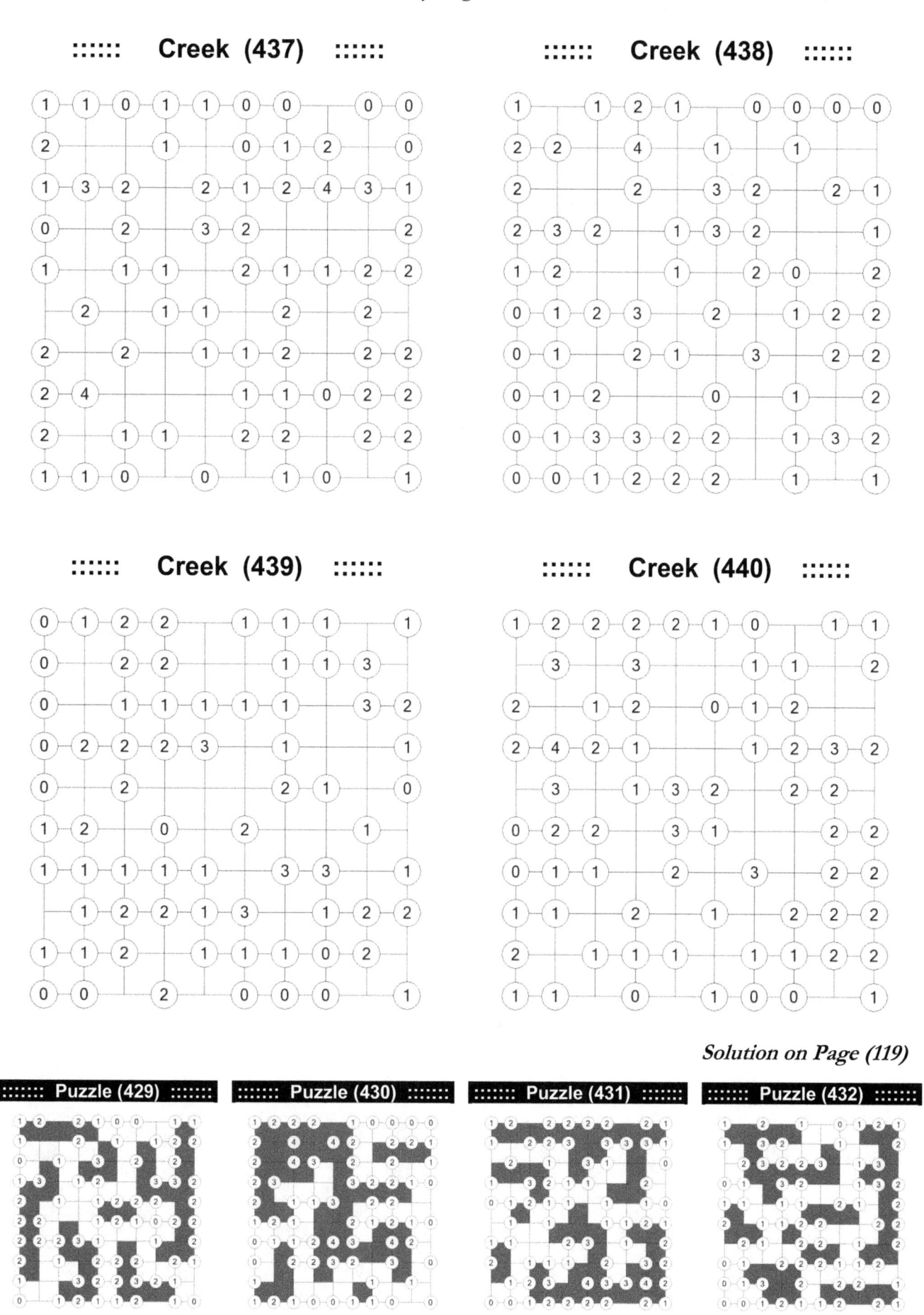

Puzzle (432)

Creek (441)

Creek (442)

Creek (443)

Creek (444)

Solution on Page (120)

Puzzle (433)

Puzzle (434)

Puzzle (435)

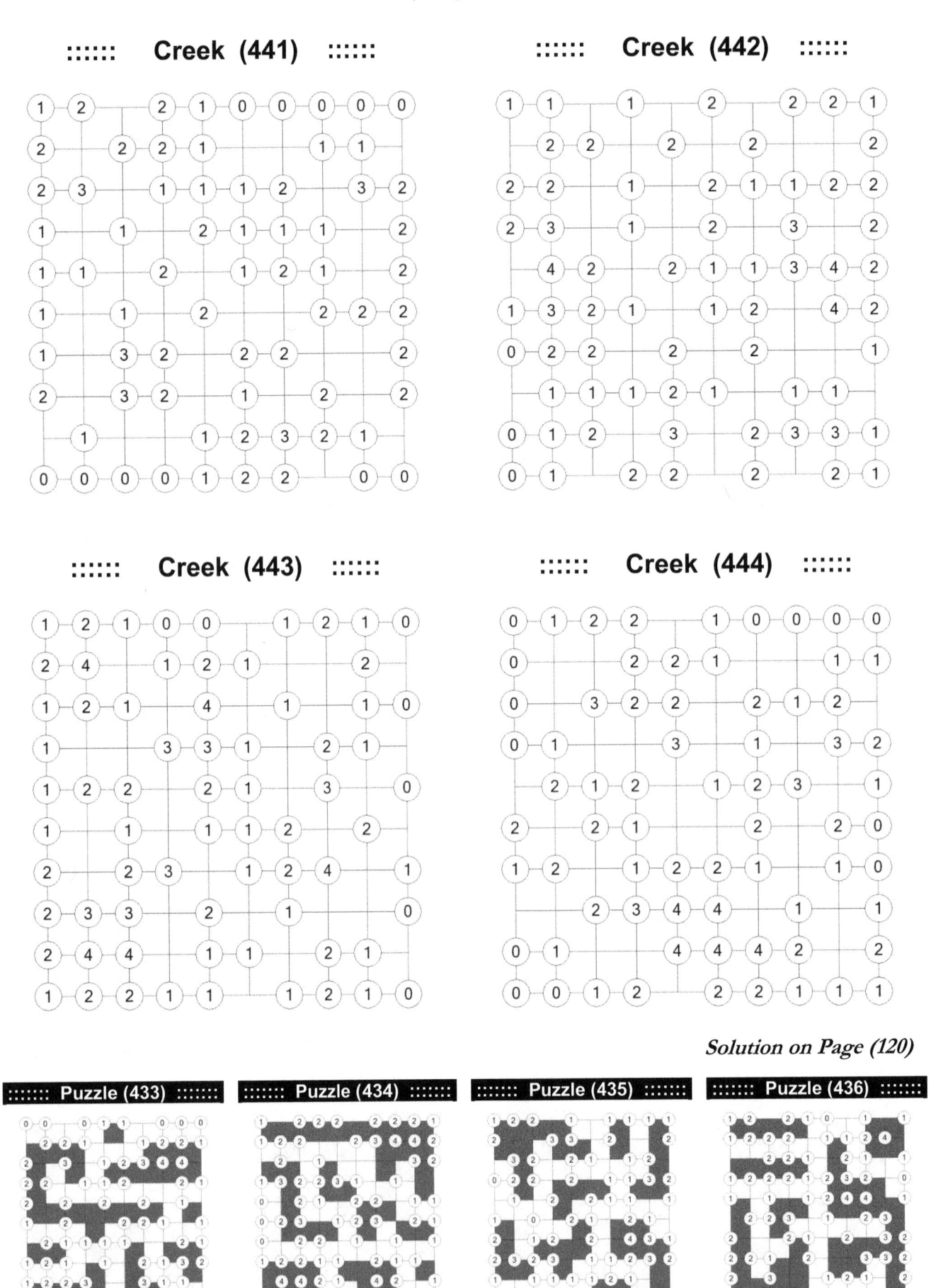

Puzzle (436)

Creek (445)

Creek (446)

Creek (447)

Creek (448)

Solution on Page (121)

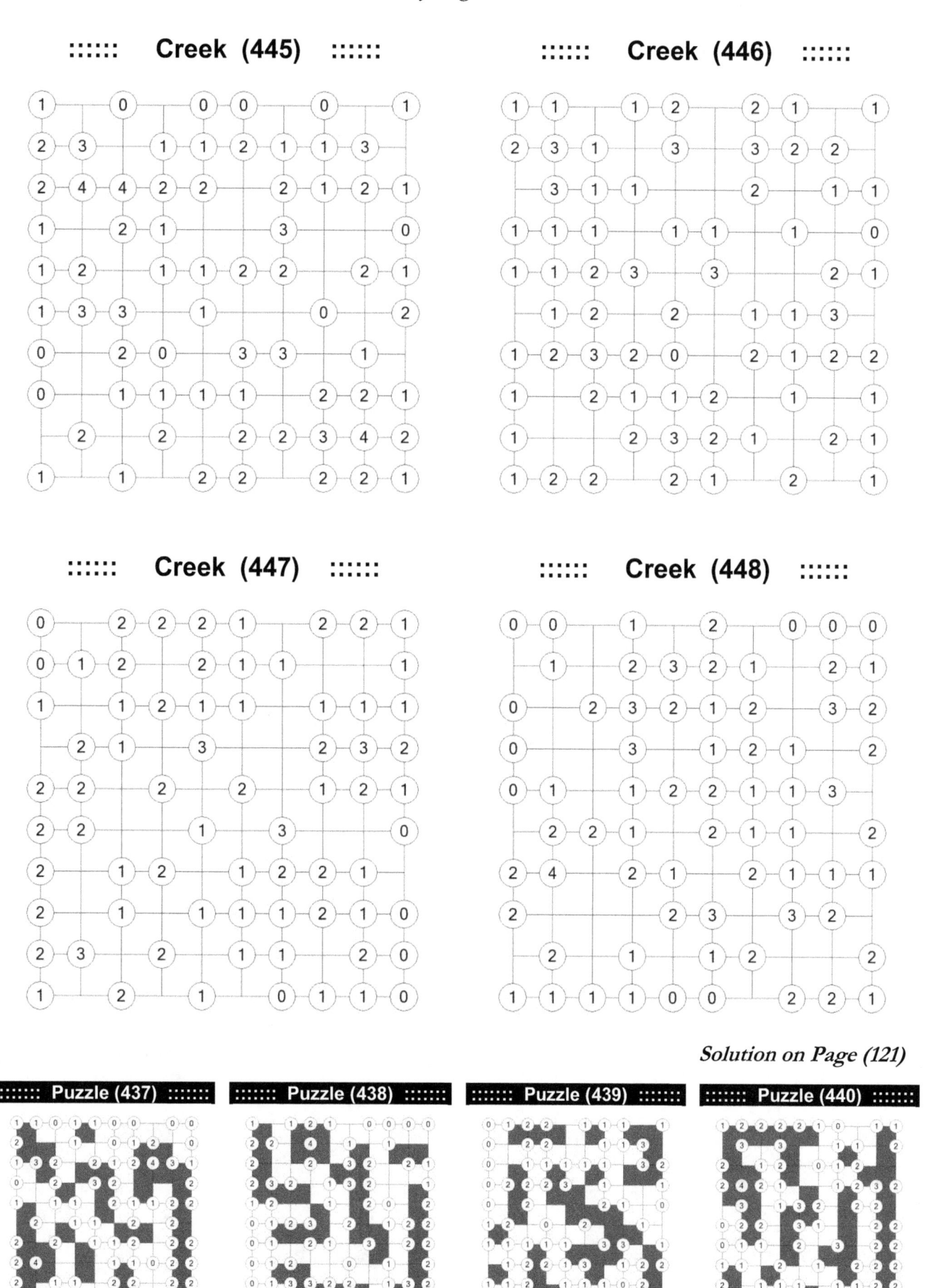

Puzzle (437)
Puzzle (438)
Puzzle (439)
Puzzle (440)

Creek (449)

Creek (450)

Creek (451)

Creek (452)

Solution on Page (122)

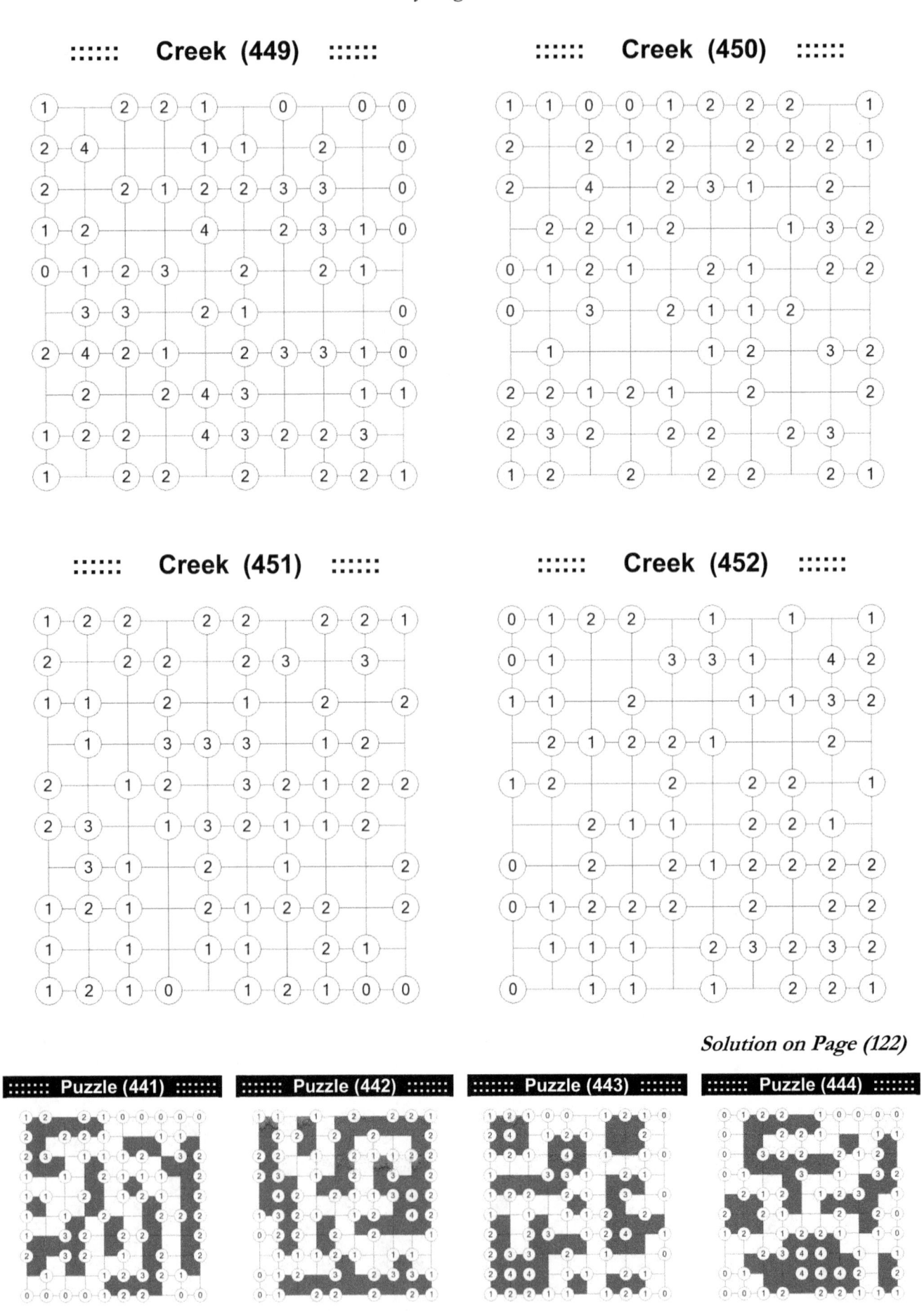

Puzzle (441)
Puzzle (442)
Puzzle (443)
Puzzle (444)

Variety Logic Puzzles

Creek (453)

Creek (454)

Creek (455)

Creek (456)

Solution on Page (123)

Puzzle (445)

Puzzle (446)

Puzzle (447)

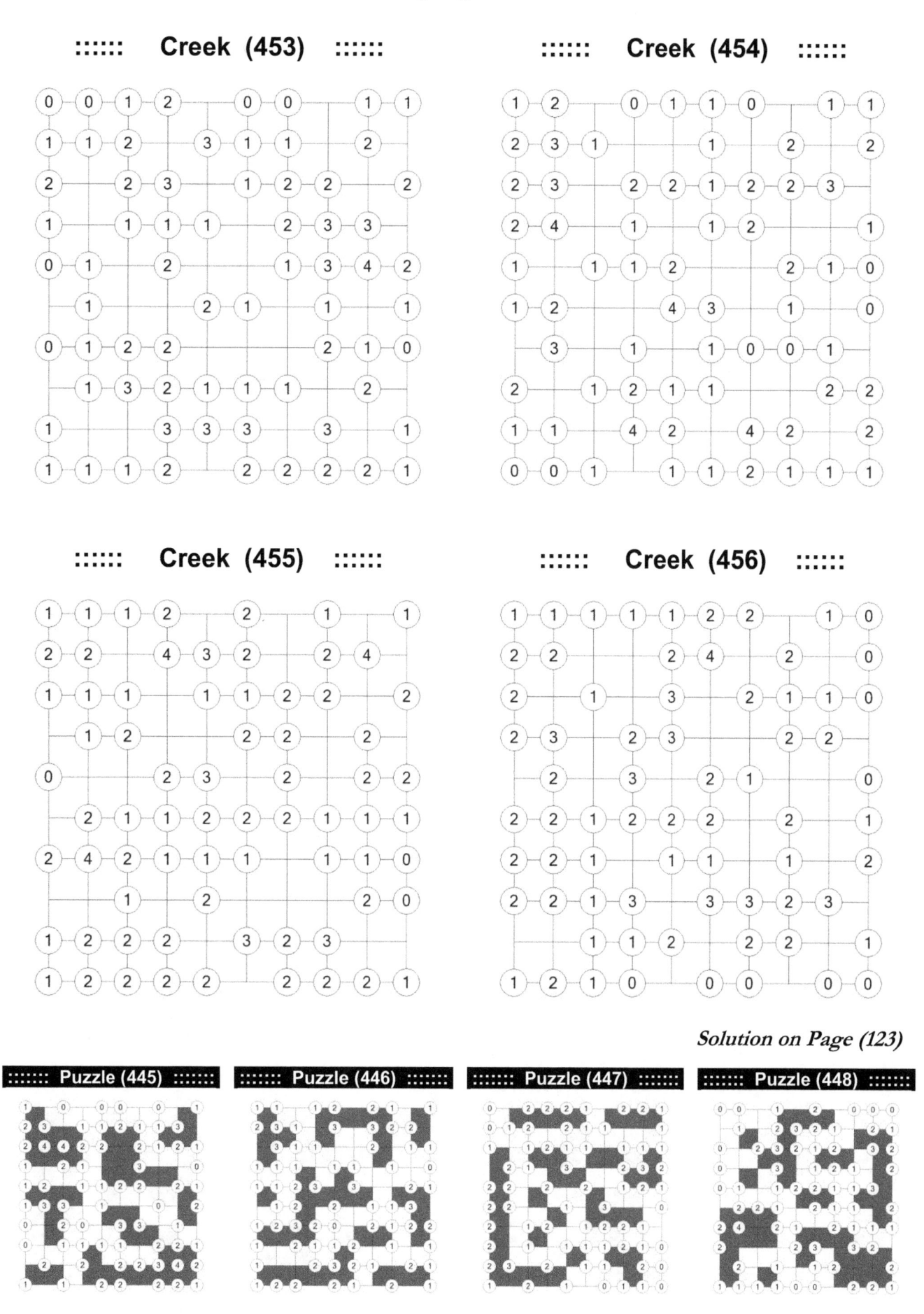

Puzzle (448)

Creek (457)

Creek (458)

Creek (459)

Creek (460)

Solution on Page (124)

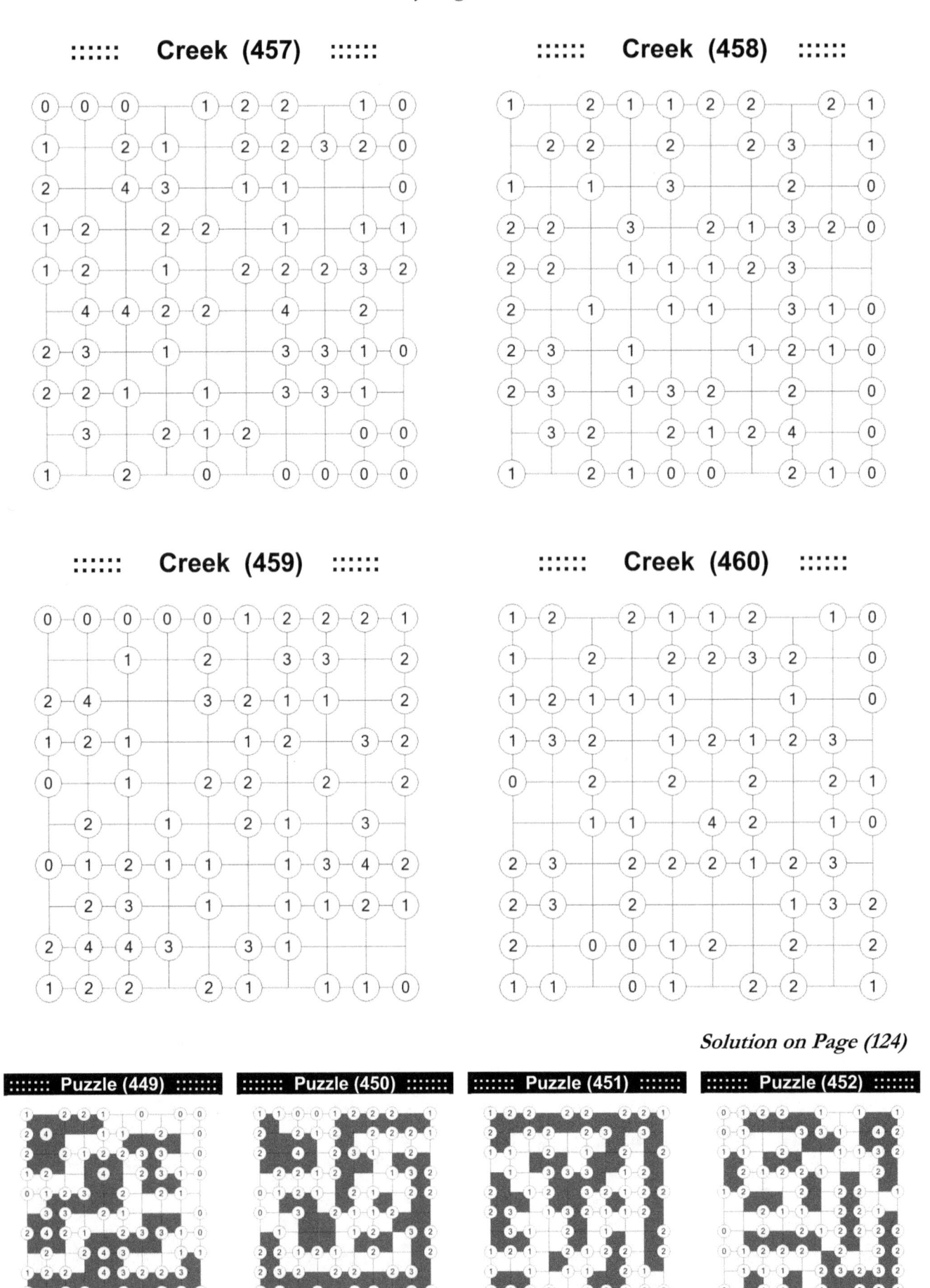

Puzzle (449)
Puzzle (450)
Puzzle (451)
Puzzle (452)

Creek (461)

Creek (462)

Creek (463)

Creek (464)

Solution on Page (125)

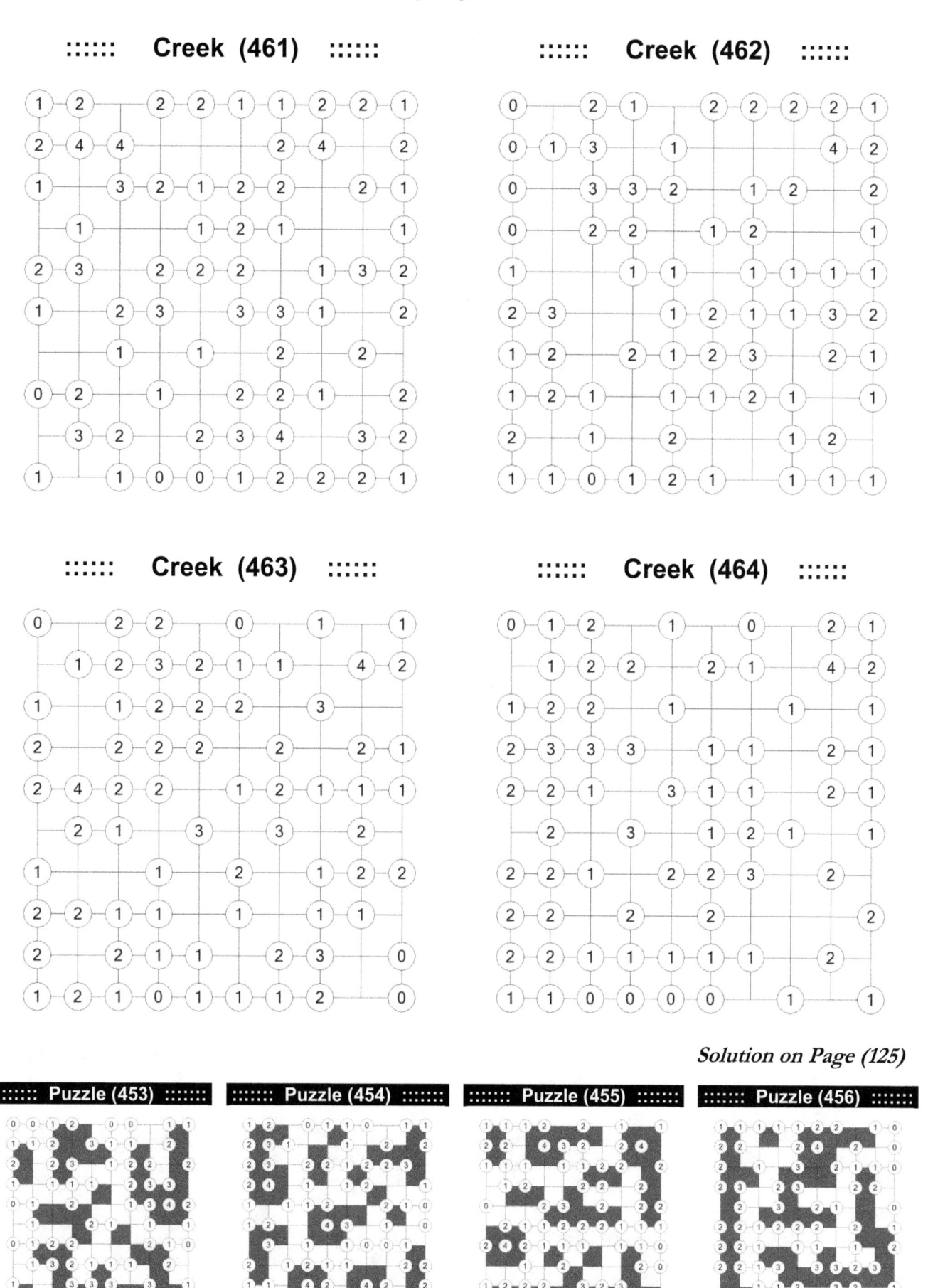

Creek (465)

Creek (466)

Creek (467)

Creek (468)

Solution on Page (126)

Puzzle (457)

Puzzle (458)

Puzzle (459)

Puzzle (460)

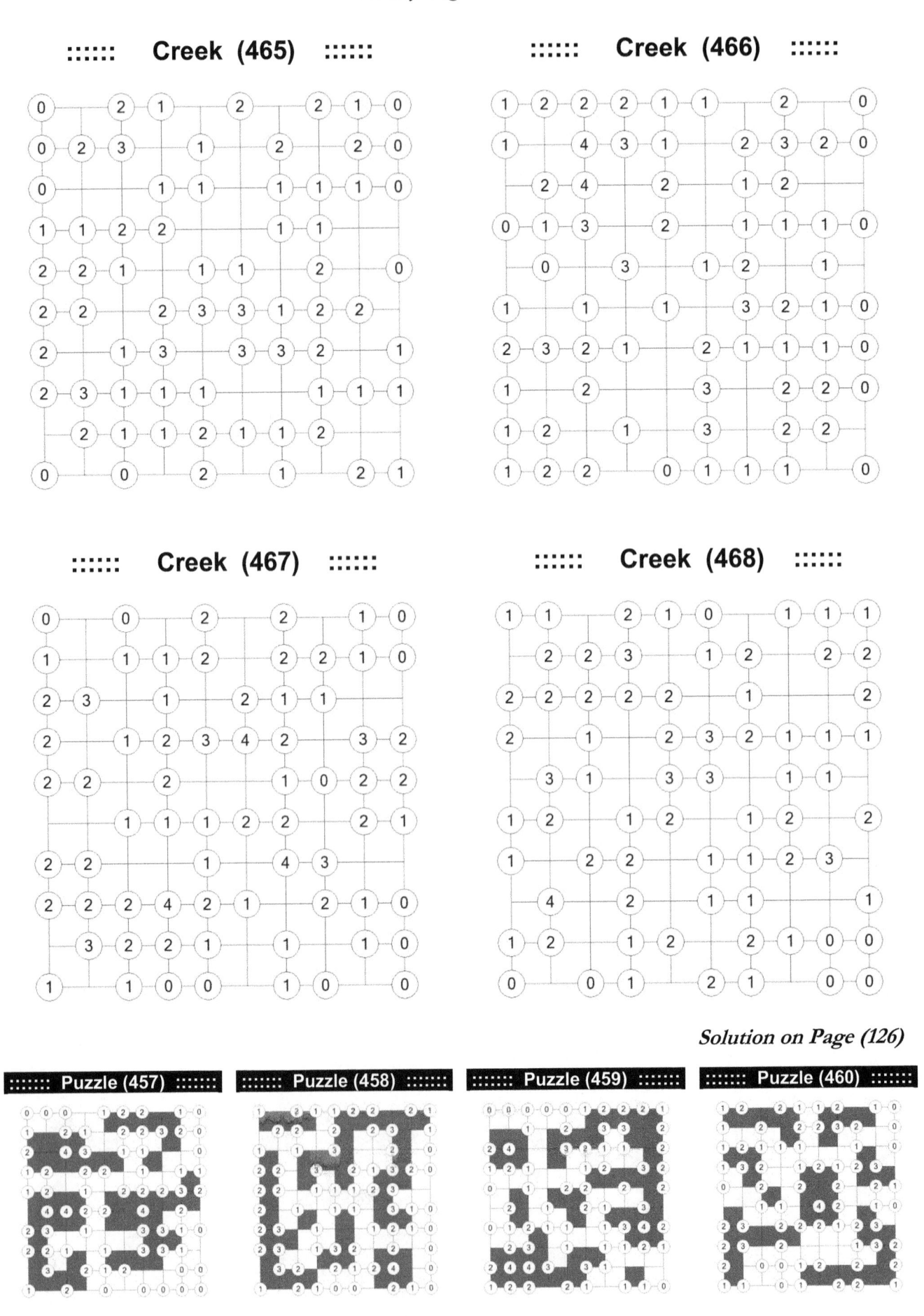

(124)

Shikaku (469)

- 4
- 30
- 14
- 18
- 28
- 7 11
- 20
- 8 4

Shikaku (470)

- 11
- 14   6   2
- 27
- 42
- 4
- 14
- 24

Shikaku (471)

- 6   5
- 5
- 48
- 21
- 22
- 7   12 18

Shikaku (472)

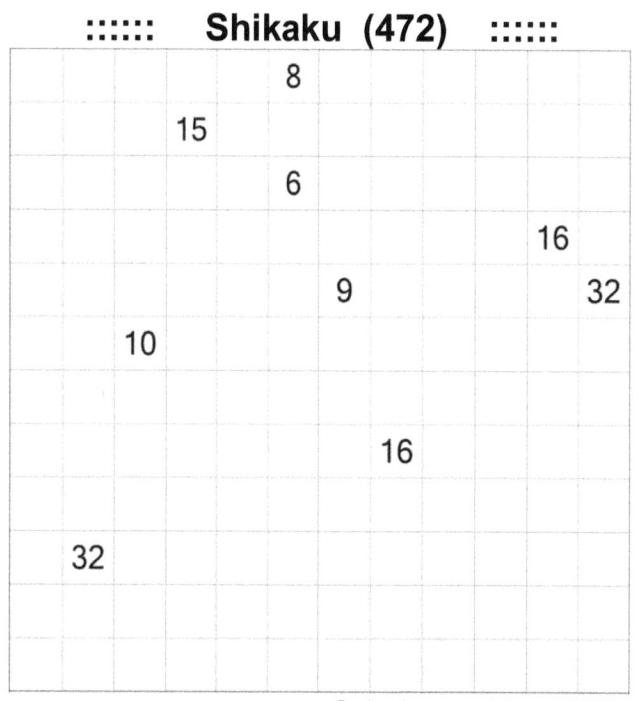

- 8
- 15
- 6
- 16
- 9   32
- 10
- 16
- 32

Solution on Page (127)

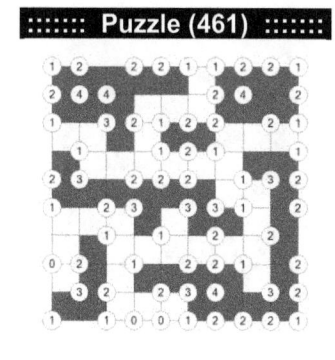

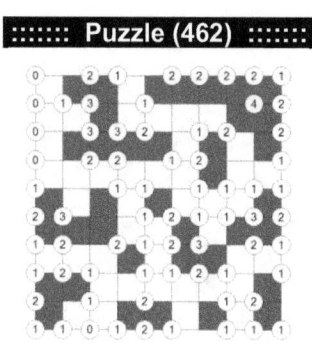

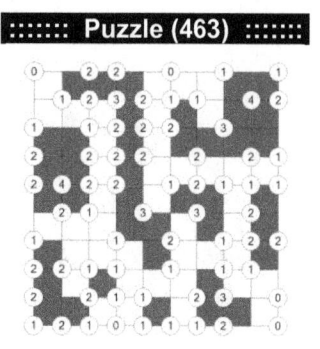

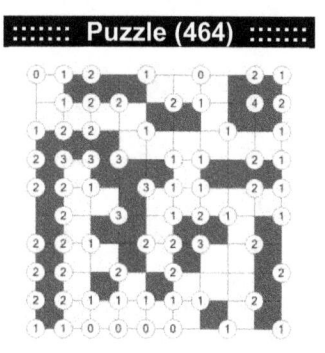

Puzzle (461) Puzzle (462) Puzzle (463) Puzzle (464)

(125)

Variety Logic Puzzles

Shikaku (473)

			8					
			30		16			
	14	12					14	
	9						10	
					21			
			6	4				

Shikaku (474)

	14						10	
	20			15				
				10				
	20					21		
						16		9
		9						

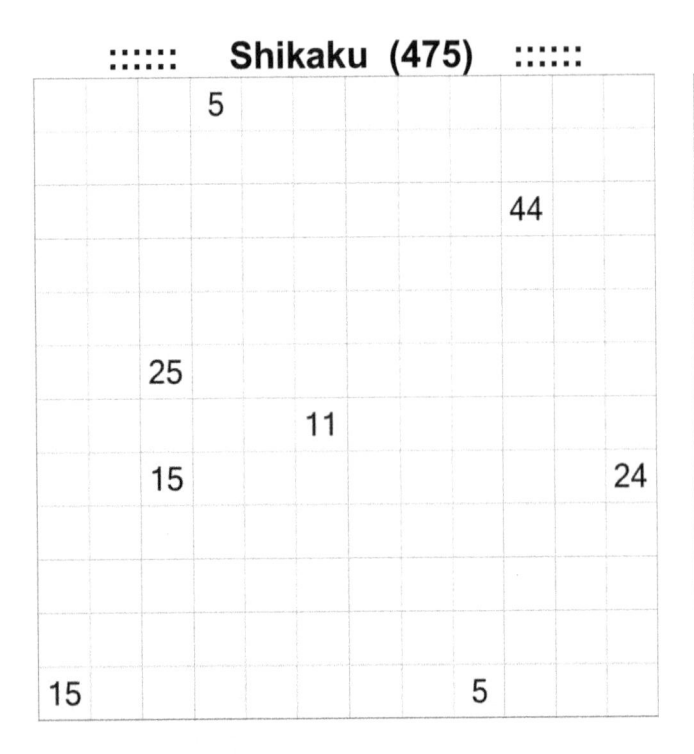

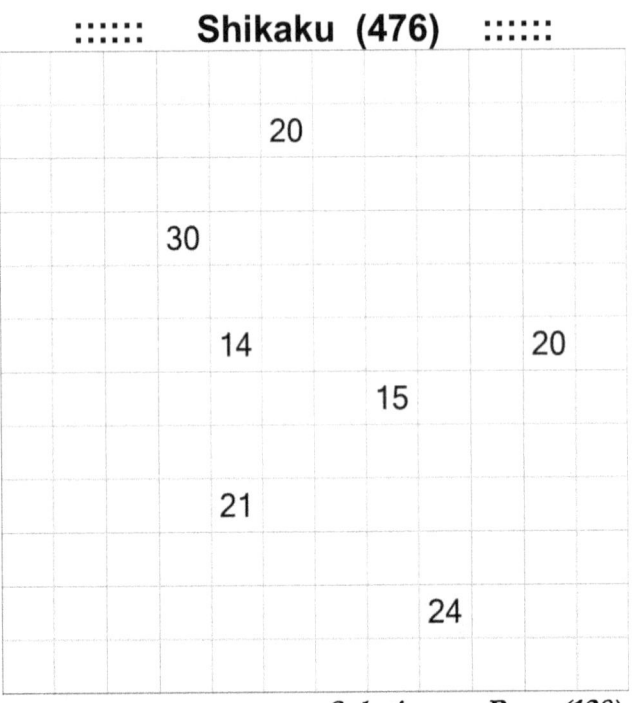

Shikaku (475)

	5						
				44			
	25						
		11					
	15					24	
15			5				

Shikaku (476)

			20				
	30						
		14				20	
			15				
	21						
			24				

Solution on Page (128)

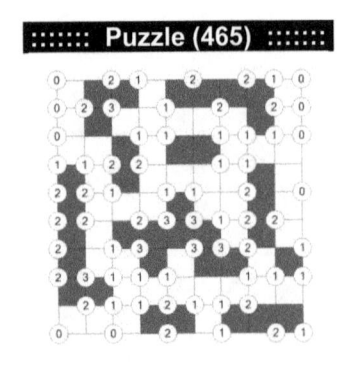

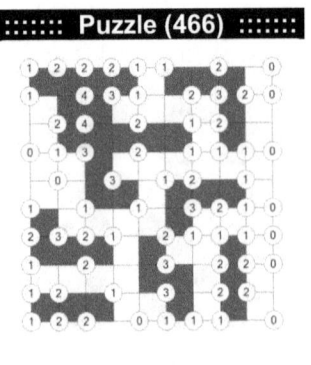

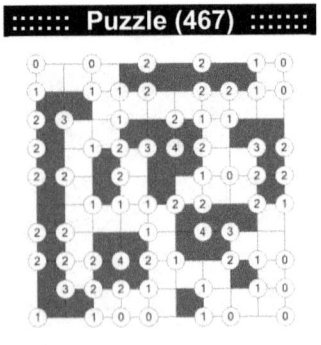

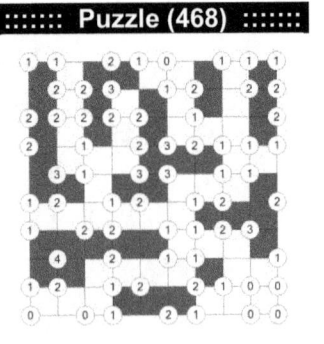

Variety Logic Puzzles

Shikaku (477)

```
.     .     .     .     .     .     10
6     .     .     .     18    .     .
.     .     15    .     .     .     6
.     .     .     18    .     .     .
.     12    .     .     .     .     .
.     .     .     .     .     .     .
.     .     .     .     .     30    .
.     18    6     .     .     .     5
```

Shikaku (478)

```
5     .     .     .     .     5     .
.     .     40    .     .     .     10
.     .     .     .     .     .     .
.     .     .     .     .     15    .
.     .     .     .     .     .     .
10    .     .     .     .     .     5
.     5     25    .     .     .     .
.     .     .     .     .     24    .
```

Shikaku (479)

```
.     12    5     .     .     .     3
.     .     10    .     .     15    .
.     21    .     .     .     .     .
.     .     .     .     .     .     .
.     .     .     28    12    .     .
.     .     .     .     .     9     .
.     .     .     .     15    .     .
.     .     14    .     .     .     .
```

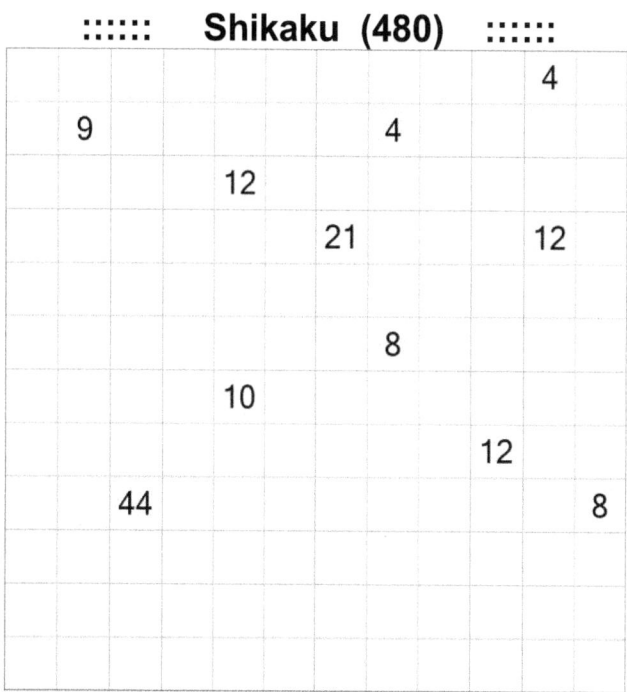

Shikaku (480)

```
.     .     .     .     .     .     4
9     .     .     .     4     .     .
.     .     .     12    .     .     .
.     .     .     .     21    .     12
.     .     .     .     8     .     .
.     .     10    .     .     .     .
.     .     .     .     .     12    .
44    .     .     .     .     .     8
```

Solution on Page (129)

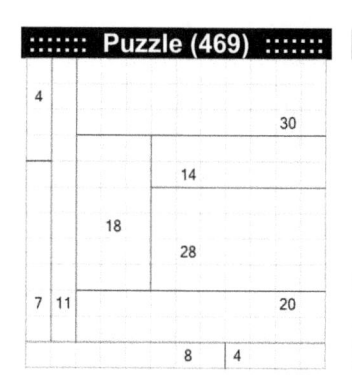

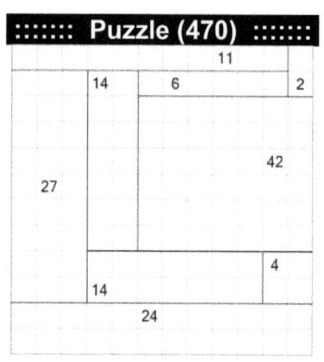

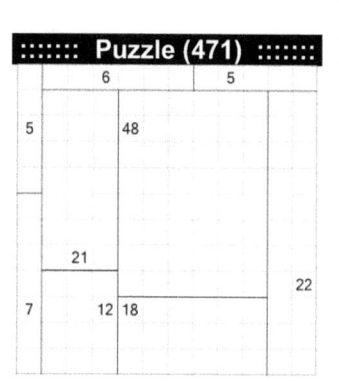

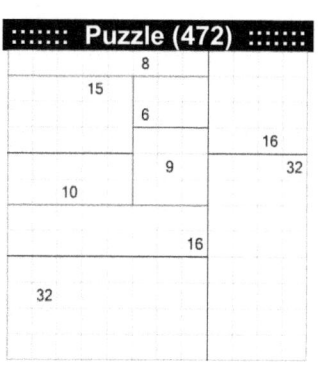

Puzzle (469)

Puzzle (470)

Puzzle (471)

Puzzle (472)

(127)

Shikaku (481)

Shikaku (482)

Shikaku (483)

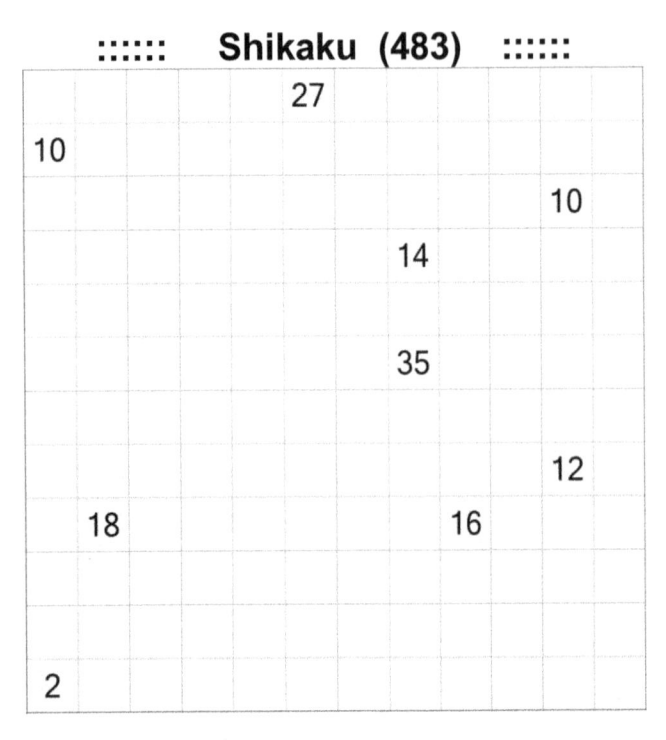

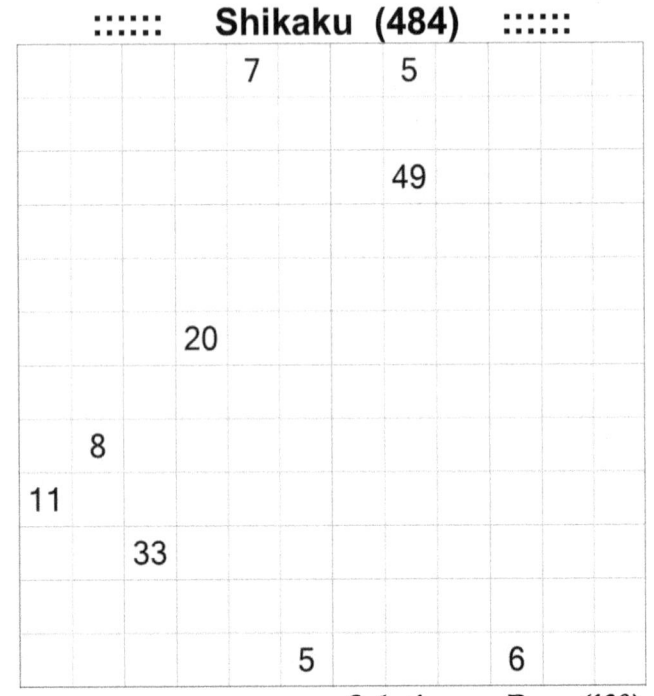

Shikaku (484)

Solution on Page (130)

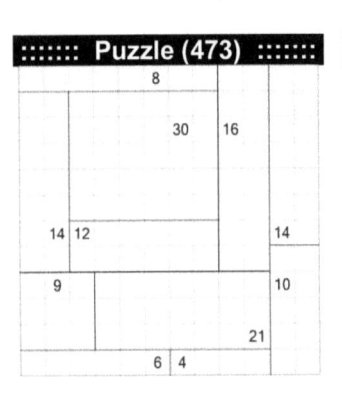

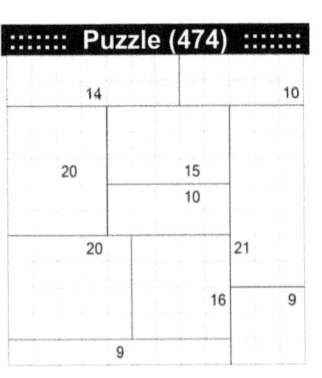

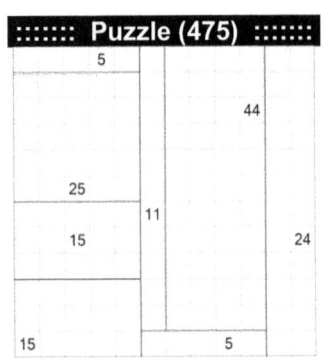

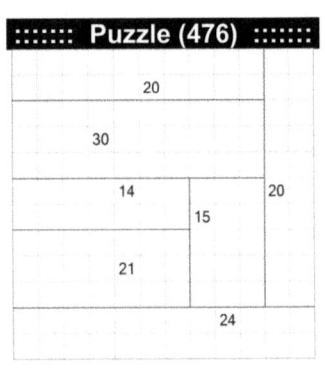

Puzzle (473)

Puzzle (474)

Puzzle (475)

Puzzle (476)

(128)

Variety Logic Puzzles

Shikaku (485)

- 6
- 9
- 18
- 21 12
- 20 36
- 3
- 5 14

Shikaku (486)

- 8
- 21
- 6
- 30
- 16
- 24
- 4
- 15
- 15 5

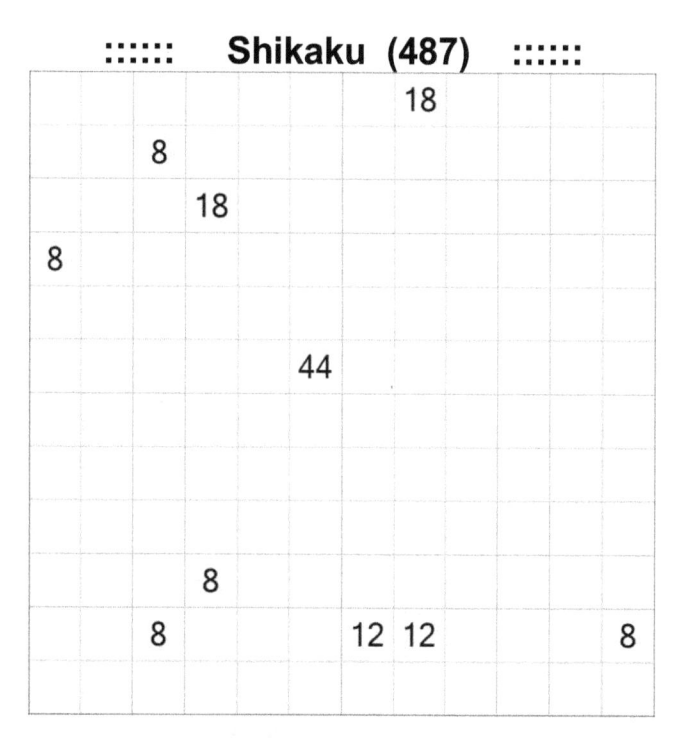

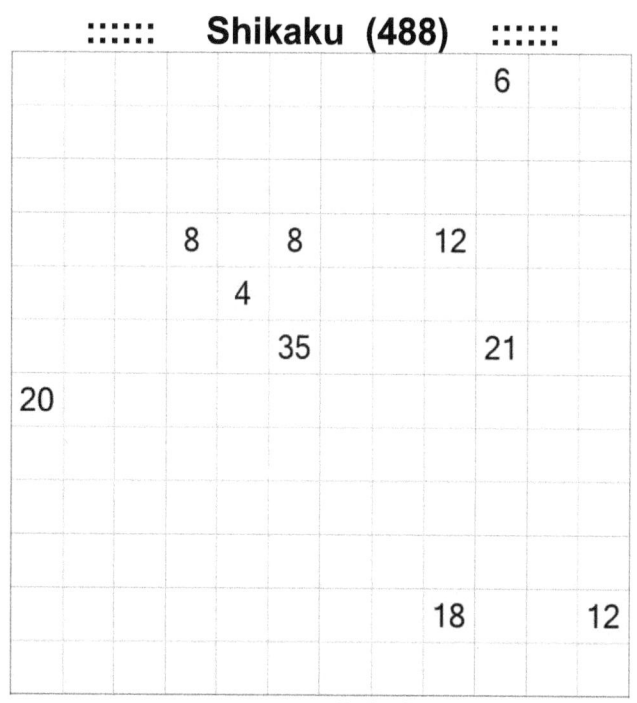

Shikaku (487)

- 18
- 8
- 18
- 8
- 44
- 8
- 8 12 12 8

Shikaku (488)

- 6
- 8 8 12
- 4
- 35 21
- 20
- 18 12

Solution on Page (131)

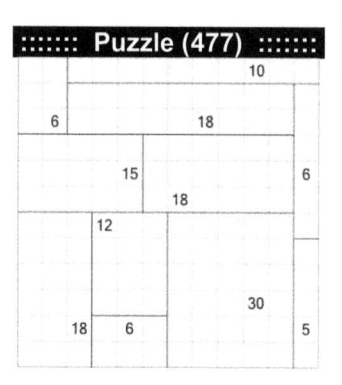

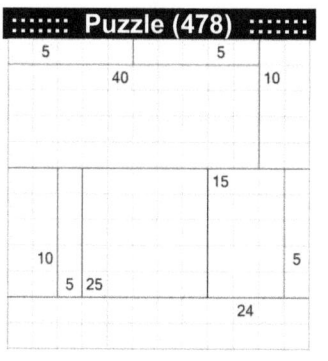

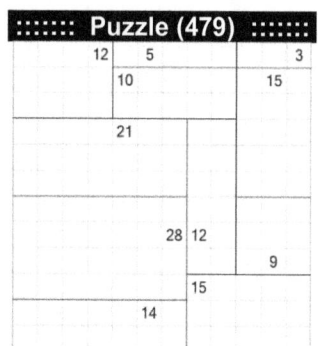

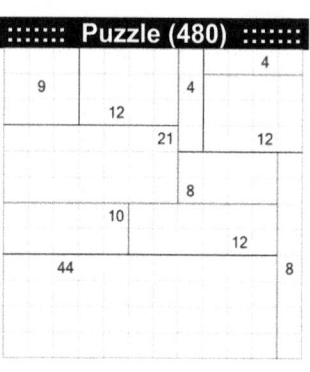

Puzzle (477)
10, 6, 18, 15, 18, 12, 6, 18, 6, 30, 5

Puzzle (478)
5, 5, 40, 10, 15, 10, 5, 5, 25, 24

Puzzle (479)
12, 5, 3, 10, 15, 21, 28, 12, 9, 15, 14

Puzzle (480)
4, 9, 4, 12, 21, 12, 8, 10, 12, 44, 8

(129)

Shikaku (489)

6									
	3	18							
	6			14					
		6			7				
	21					21			
				7					
		28							
7									

Shikaku (490)

		7				5			
						12			
				16					
					20				
24	24								
				10					
								10	
	16								

Shikaku (491)

		6		6					
			27			11			
				35					
10					22				
			27						

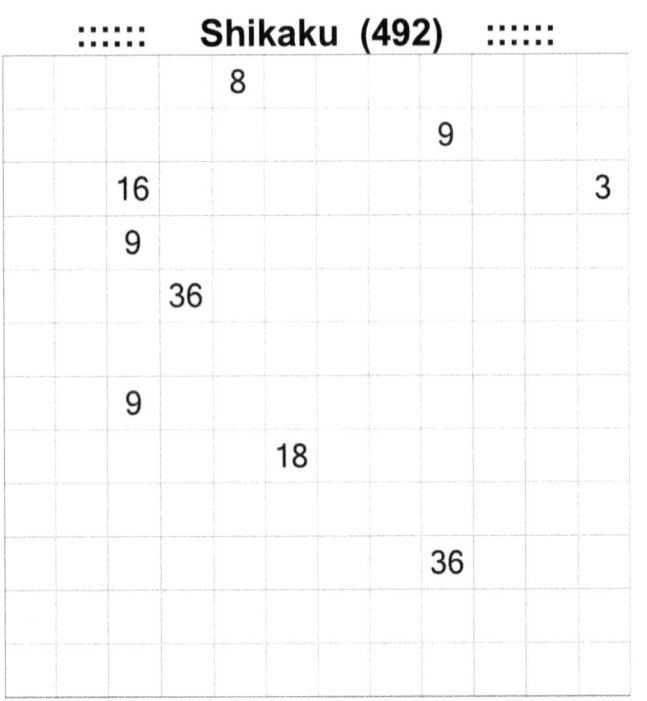

Shikaku (492)

			8						
					9				
	16						3		
	9								
	36								
	9								
		18							
				36					

Solution on Page (132)

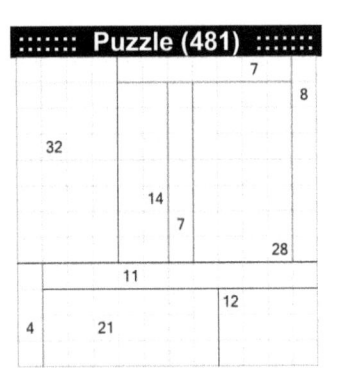

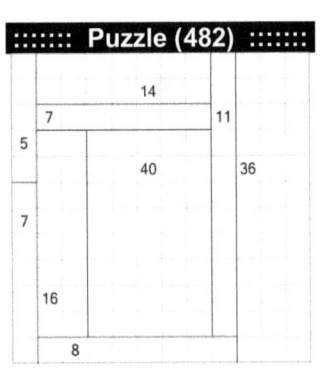

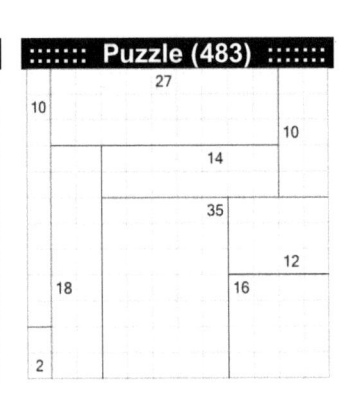

Puzzle (481)
Puzzle (482)
Puzzle (483)
Puzzle (484)

(130)

Variety Logic Puzzles

Shikaku (493)

(10×10 grid with clues)
- Row 1: 8 at column 5
- Row 2: 20 at column 1
- Row 4: 18 at column 6
- Row 5: 16 at column 6
- Row 6: 18 at column 5
- Row 7: 18 at column 5; 18 at column 9
- Row 9: 4 at column 7
- Row 10: 8 at column 4
- Row 11: 16 at column 6

Shikaku (494)

(10×10 grid with clues)
- Row 2: 10
- Row 4: 32
- Row 5: 7
- Row 6: 9
- Row 7: 16, 18
- Row 8: 5
- Row 9: 8
- Row 12: 18
- Row 13: 21

Shikaku (495)

- 5, 5
- 20, 15, 10
- 12
- 11
- 55
- 7, 4

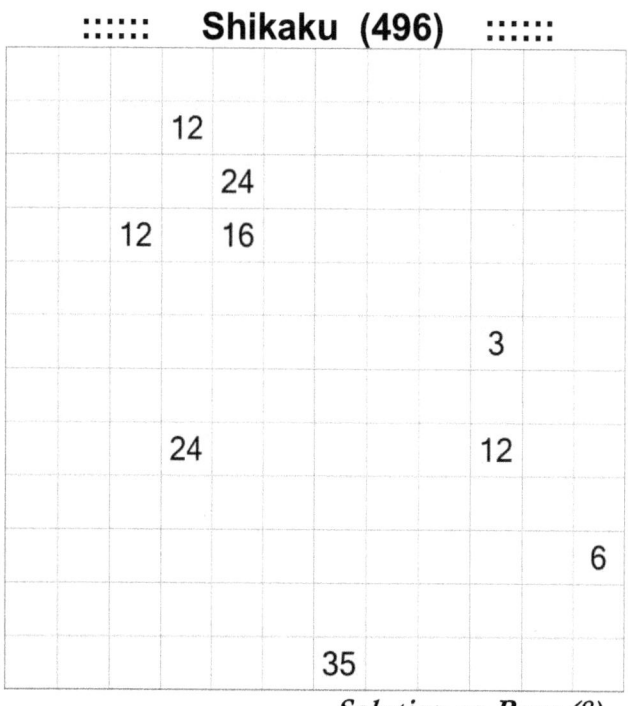

Shikaku (496)

- 12
- 24
- 12, 16
- 3
- 24, 12
- 6
- 35

Solution on Page (8)

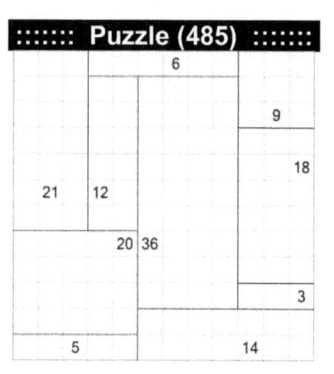

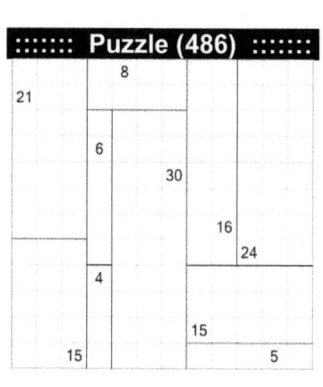

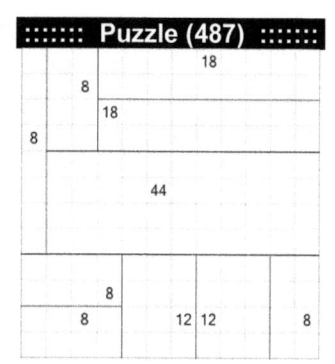

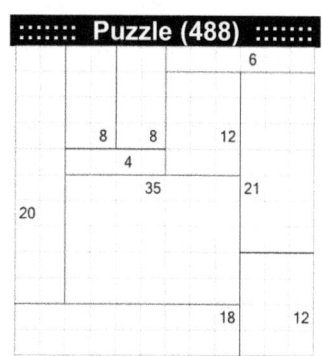

Puzzle (485) | **Puzzle (486)** | **Puzzle (487)** | **Puzzle (488)**

(131)

Variety Logic Puzzles

Shikaku (497)

```
.  .  .  20 .  .  .  .
.  .  .  .  12 .  .  .
18 .  .  28 .  .  .  .
.  .  .  .  .  .  30 .
.  .  .  .  .  .  .  .
.  .  .  .  .  .  .  .
.  .  4  .  .  .  3  .
.  8  .  15 .  .  .  .
.  .  .  .  .  .  .  6
```

Shikaku (498)

```
.  .  .  .  14 .  .  10
.  .  .  .  .  .  .  .
.  .  .  .  .  .  9  .
.  .  27 .  .  .  .  .
.  .  .  .  .  .  .  4
.  .  .  .  .  16 .  7
.  .  .  .  .  .  .  .
.  .  .  .  25 .  .  .
14 .  .  .  .  .  .  .
.  .  .  .  .  18 .  .
```

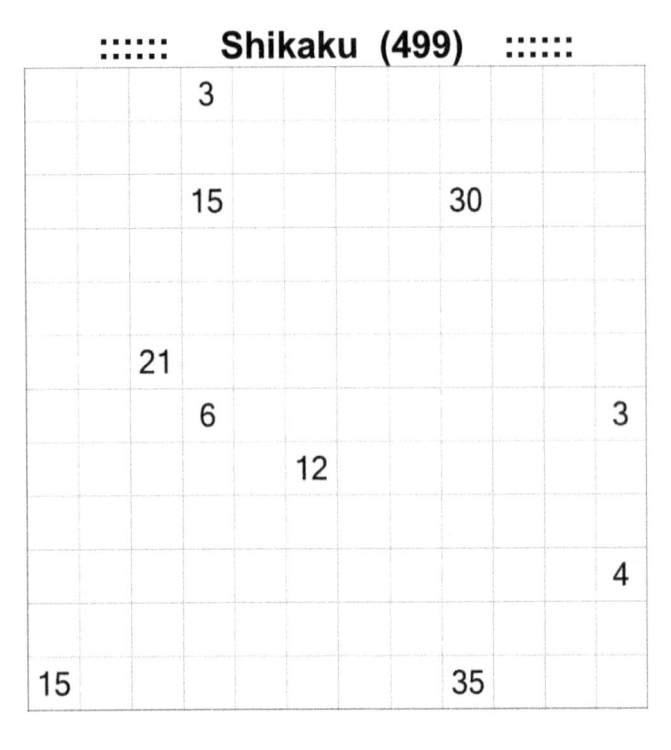

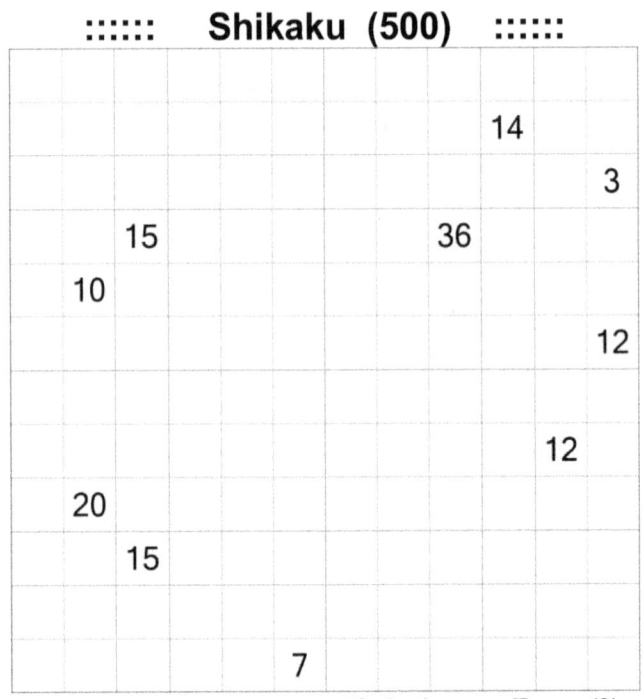

Shikaku (499)

```
.  .  3  .  .  .  .  .
.  .  .  .  .  .  .  .
.  15 .  .  30 .  .  .
.  .  .  .  .  .  .  .
.  21 .  .  .  .  .  .
.  .  6  .  .  .  3  .
.  .  .  12 .  .  .  .
.  .  .  .  .  .  4  .
15 .  .  .  .  35 .  .
```

Shikaku (500)

```
.  .  .  .  .  .  14 .
.  .  .  .  .  .  .  3
.  .  .  15 .  .  36 .
.  10 .  .  .  .  .  .
.  .  .  .  .  .  .  12
.  .  .  .  .  .  12 .
20 .  .  .  .  .  .  .
.  .  15 .  .  .  .  .
.  .  .  .  .  7  .  .
```

Solution on Page (9)

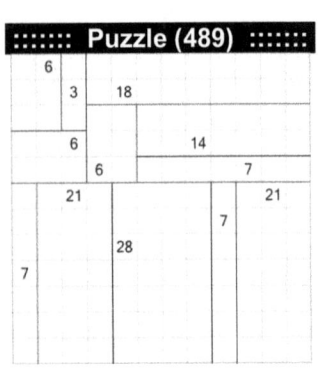

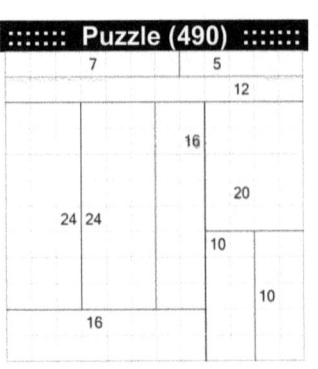

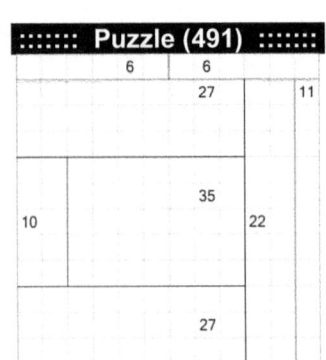

(132)

Variety Logic Puzzles

Special Bonus for Sudoku Puzzle Lovers

Please go to the link below to download and print this 1008 Sudoku puzzles and start having fun.

http://www.dr-khalid.com/sudoku.pdf

Special Bonus for Word Search Puzzle Lovers

Please go to the link below to download and print this 102 word search puzzles and start having fun.

http://www.dr-khalid.com/bouns.pdf

A Special Request

Your brief Amazon review could really help us.

Thank you for your support